明仔玩军事 百科图解

现代单兵武器

瀚鼎文化工作室◎编著

航空工业出版社

北 京

内 容 提 要

本书精选了包括火箭筒、榴弹发射器、地雷等在内的数十种精良的单兵武器，并以图文并茂的形式一一展示给读者。书中的讲解文字通俗易懂，配图清晰明了，希望能带给广大读者愉快的阅读感受。本书适合军事爱好者阅读和收藏。

图书在版编目（CIP）数据

百科图解现代单兵武器 / 瀚鼎文化工作室编著. -- 北京 : 航空工业出版社，2016.1（2021.7重印）
ISBN 978-7-5165-0935-7

Ⅰ. ①百… Ⅱ. ①瀚… Ⅲ. ①单兵-武器装备-介绍-世界 Ⅳ. ① E922

中国版本图书馆 CIP 数据核字（2015）第 277580 号

百科图解现代单兵武器
Baike Tujie Xiandai Danbing Wuqi

航空工业出版社出版发行
（北京市朝阳区京顺路5号曙光大厦C座四层　100028）
发行部电话：010-85672663　010-85672683

三河市双升印务有限公司印刷　　全国各地新华书店经售
2016 年 1 月第 1 版　　2021 年 7 月第 2 次印刷
开本：710×1000　1/16　　字　数：215 千字
印张：12.5　　定　价：29.80 元

前 言

战场上最宝贵的莫过于士兵的生命。

在作战武器匮乏的年代，或许一把普通手枪就能给敌人造成致命的威胁，但这早已成为过去。从第一次世界大战开始至今，各种各样先进的武器层出不穷，如坦克、战机、生化武器等，而普通枪械在这些新式的作战武器面前，绝无任何优势可言。

难道士兵们就只能坐以待毙么？答案当然是：不会！

俗话说：“一物降一物，有矛就有盾。”士兵在应对现代强大的战争武器时虽然处于劣势地位，无论是面对在空中翱翔的战机还是在陆地驰骋的战车，单以士兵的血肉之躯或普通枪械与之相搏，的确是毫无胜算。但要想对付这些威力强大的新式作战平台也不是完全没有办法，与之相抗衡的大威力单兵武器也就应运而生。

本书精选了包括便携式火箭筒、反坦克导弹、特种枪械、榴弹发射器、地雷、特种冷兵器、专用防具等在内的数十种现代精良的单兵武器，以图文并茂的形式逐一向您详尽介绍。

面对现代各种新型武器平台时该选择什么样的单兵武器与之抗衡？士兵们究竟是如何正确地使用这些现代单兵武器的？答案尽在《百科图解现代单兵武器》。

明仔玩军事

目 录 CONTENTS

第一章◎反坦克武器

第二章◎榴弹

目 录 CONTENTS

目 录 CONTENTS

第一章

反坦克武器

【单靠一人也能对抗坦克的武器】

配备强大火炮、包覆钢铁铠甲、能够驰骋荒野……

坦克因此被称为“陆战王者”，它出现于第一次世界大战，让步兵陷入极度恐慌！

但坦克绝对不是万能无敌武器。

在它问世的瞬间，各式各样对抗坦克的武器也随之推出。

攻击坦克用的“反装甲武器”有好几种。

本章要介绍的就是单兵可以使用的反坦克武器——也就是反坦克火箭筒，穿甲弹反坦克导弹等，让我们一起瞧瞧它们的威力与秘密吧！

反坦克武器的分类

用来摧毁坦克的武器

什么是反坦克武器？简而言之，就是用于摧毁坦克的各式武器。反坦克武器的种类很多，无论是反坦克步枪、无后坐力炮，还是反坦克火箭筒、反坦克导弹，甚至是能够摧毁坦克的土制炸药，都属于反坦克武器。

无后坐力炮

第二次世界大战（以下简称二战）期间，德国的“铁拳”无后坐力炮在反坦克方面取得了诸多战果，也促使了无后坐力炮的蓬勃发展。二战后，各国军队都装备了相当数量的无后坐力炮，是当时主要的反坦克武器之一。

无后坐力炮正如其名，是一种在发射的时候可以抵消后坐力的火炮。无论是枪械，还是火炮，在发射的时候都会产生巨大的后坐力，而且发射的弹药口径越大，产生的后坐力越大。因此，一般情况下，由于火炮必须具备能够承受这种巨大后坐力的能力，所以配备了用于承受后坐力的炮尾以及减轻后坐力的制退器、炮架等结构，它们体积和重量都很大。

第一次世界大战（以下简称一战）期间，美国人戴维斯利用配重物平衡发射原理，发明了无后坐力炮。无后坐力炮的装填方式类似于传统火炮，但是在开火时，发射药产生的气体中有相当一部分从火炮的后方溢出，从而产生一个接近于推动弹丸前进动量的反向动量。这样就使得火炮本身几乎不产生后坐力（最初的无后坐力炮仍有许多不完善之处，发射时仍旧会产生一定的后坐力）。无后坐力炮不需要常规火炮所需的后坐力缓冲装置，使其变得很轻便且易于使用。当然，步兵也可以使用无后坐力炮发射大口径的炮弹。

火箭武器

供单兵使用的火箭弹与火箭筒出现于二战末期，以美国的“巴祖卡”为代表。从诞生至今，火箭武器并没有多大变化。这类火箭武器的射程一般在 1000 米以内，没有制导装置，能否命中全凭射手的经验。

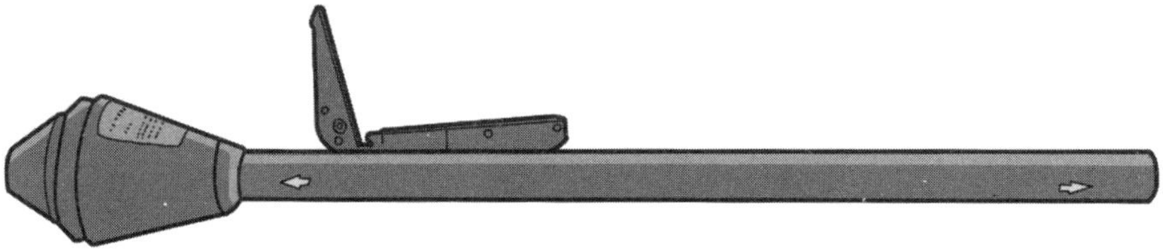

德国铁拳无后坐力炮

“巴祖卡”火箭筒

火箭武器最大的特点是成本较低，能够大量配备，而且操作十分简单，除了正规部队以外，普通的游击队或者其他武装人员都能轻松使用。

与导弹相比，火箭弹缺乏制导装置，但现在已经开始在火箭弹上加装射控装置来提高命中精度。

■ 反坦克导弹

反坦克导弹是用于击毁坦克和其他装甲目标的导弹，与反坦克火炮相比，它具有射程远，精度高、威力大、重量轻等特点。

1943 年，纳粹德国陆军为了抵挡苏联红军强大的坦克优势，在空军 X–4 型有线制导空空导弹方案的基础上，研制了专门打击坦克的 X–7 型导弹。1946 年，法国的诺德 – 阿维什公司开始研制反坦克导弹，1953 年前后研制成功 SS–10 型反坦克导弹，并在 1956 年的阿尔及利亚战场上使用。SS–10 型是世界上最早装备部队，最早实战使用的反坦克导弹。

反坦克导弹的推进方式与火箭弹相同，两者最大的区别就是导弹配备了制导和遥控装置，可以在发射之后改变飞行轨迹。反坦克导弹的问世标志着反坦克武器从“无控”时代进入“有控”时代。历次局部战争，特别是海湾战争表明，反坦克导弹是当今最为有效的反坦克武器。

■ 火箭地雷

这种武器通常设置在道路两侧，一旦侦测到坦克的战斗车辆靠近的时候，就会自动发射火箭弹。

DM 型由 MBB 公司研制，是一款重量在 10 千克左右的火箭弹发射器。从发射器上会拉出一条玻璃纤维制成的绊索设置在道路上，一旦坦克等战斗车辆经过，火箭弹就会发射。

■ PIAT

PIAT，全称 Projector Infantry Anti Tank，是一种二战时期英军所用的反坦克武器。PIAT 是用来配合英军当时所需的手提反坦克武器。它由一根钢管、触发机制及弹簧组成，有别于其他直接使用炸药来发射的反坦克武器。当启动触发机制时，弹簧释放出能量，推动撞针引爆炸弹中的推进剂，再推动炸弹前进。它拥有一个约 110 米的正面有效射程。

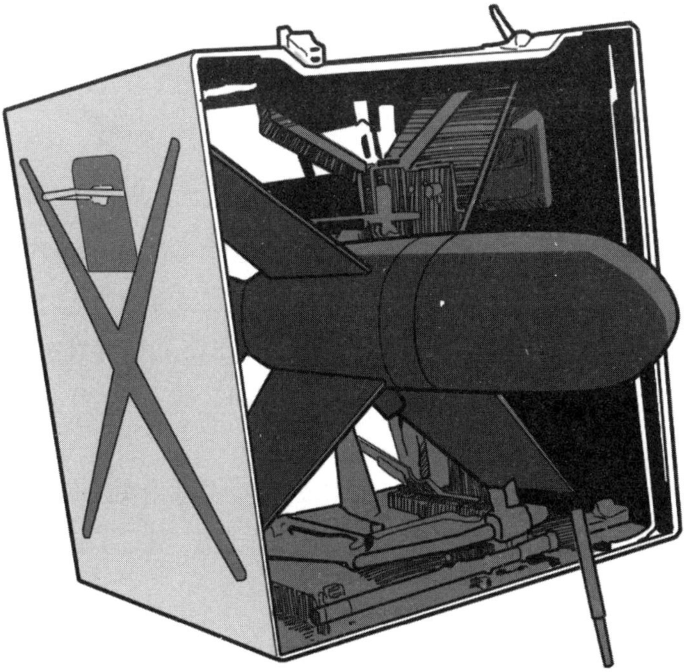

◀ 法国 SS–10 反坦克火箭弹

PIAT

类型：反坦克榴弹发射器

全长：990 毫米

枪管长：76 毫米

全重：14.5 千克（弹头 3 千克）

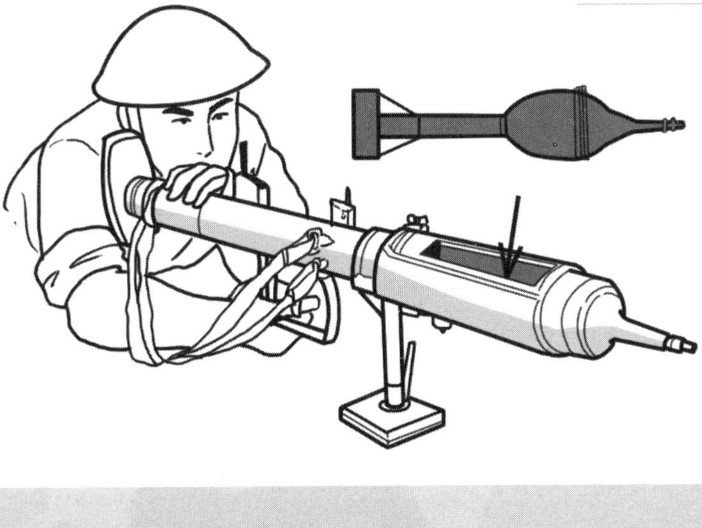

如何用枪与坦克对战

■ 战场上的新武器

一战期间，德军和英法联军在西部陷入了堑壕战的胶着局面。英国人为此投入了新研制的“坦克”这种武器。这个名字来源于当时参与建造的工人误以为他们在建造军舰装淡水的大水柜（英语表达“Tank”），而英国军方为了在1915年首次使用坦克作战之前对外保密，他们在送往战场的战车上贴上“Tank”的字样，并对外宣称是它们是用于盛载水和食物的容器。

1916年9月15日，坦克被投入到法国北部的索姆河战役中。这些钢铁巨兽在泥泞的弹坑间如履平地般驶过，压倒了曾经阻挡过无数步兵的铁丝网，越过了堑壕，将德军的工事碾压得支离破碎。

■ 反坦克步枪VS坦克

一般来说，矛和盾是两个相互对抗的角色，士兵在陆地碰上坦克之后，单兵武器和装甲之间的战争才正式开始，在这之中对抗早期坦克的武器就是高威力步枪。高威力步枪最初出现于19世纪，用于狩猎大型猎物上（如大象）。这种高威力步枪被德国人率先使用在反坦克用途上，因此就改称为反坦克步枪。反坦克步枪拥有大口径弹头配上高速度，具备了一定的贯穿装甲的能力。

德国毛瑟公司将当时德国使用的Gew.98步枪大型化，并为之配备了13.2×92毫米步枪弹。德国人制造的这种大型步枪可以击穿当时英国坦克的装甲，甚至可以使它们停下来。因为该步枪的后坐力过高，有时甚至会撞断射手的锁骨或是让肩膀脱臼。

随着新型坦克的装甲越来越厚，单兵携行式的反坦克步枪效用越来越低，最初还有口径不到20毫米的小型“炮”可以用，但很快地变成得用高爆反坦克弹的反坦克枪榴弹才有效，也由此延伸出火箭发射器、无后座力炮、火箭筒之类的武器。

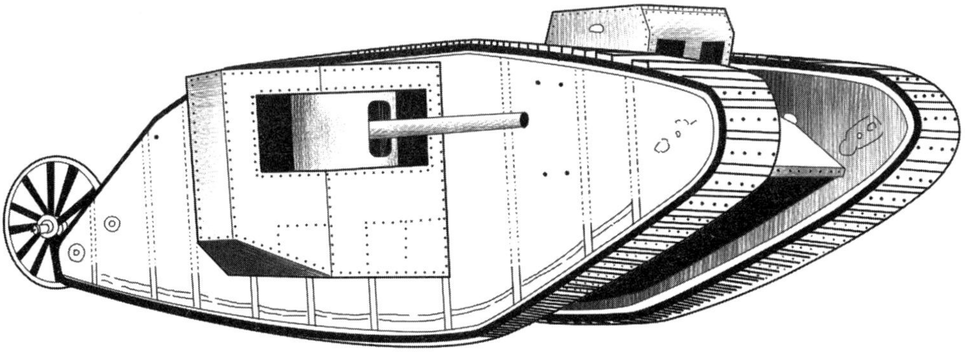

MK Ⅰ坦克

■ **反坦克步枪 VS 坦克**

从侧面看起来就像是一个菱形的大箱子，车体左右两旁都设置有炮塔。MK Ⅰ坦克分为雌、雄两种，雄性装备有两门口径 57 毫米火炮和 4 挺机枪，雌性装备有 6 挺机枪。

毛瑟 M1918 步枪

类型： 反坦克步枪

全长： 1680 毫米

枪管长： 980 毫米

口径： 13.2 毫米

重量： 15.9 千克

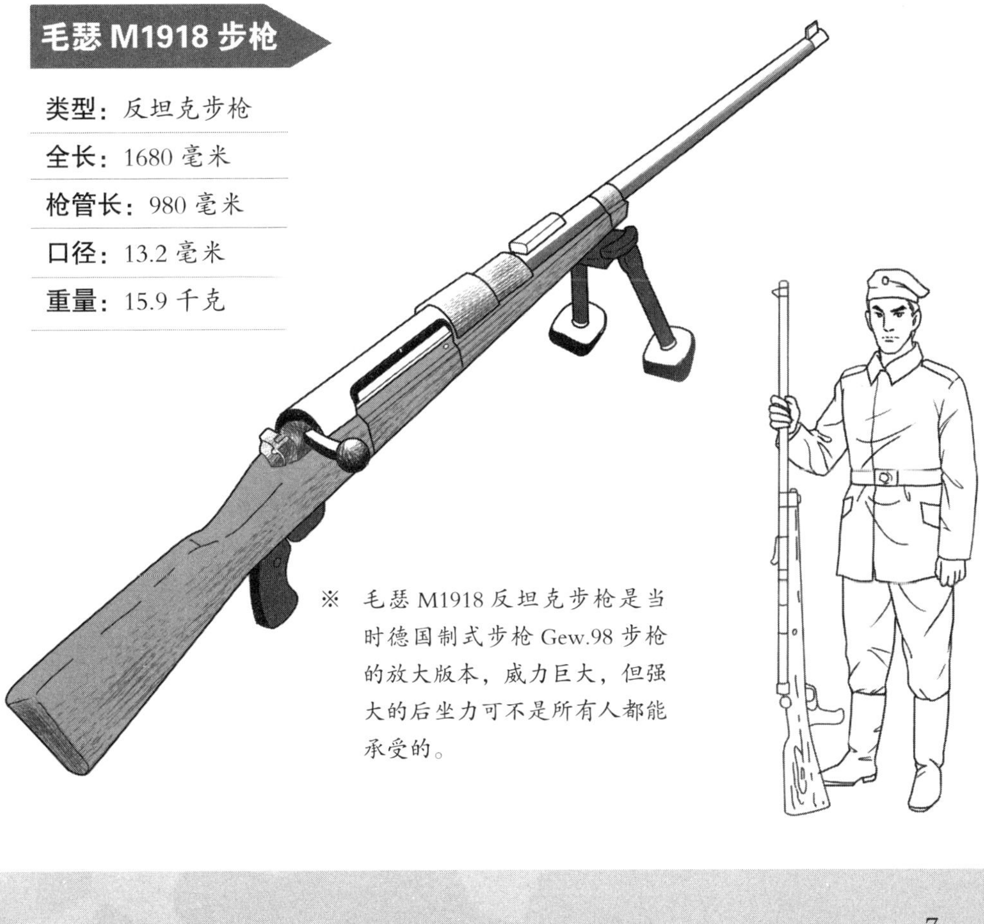

※ 毛瑟 M1918 反坦克步枪是当时德国制式步枪 Gew.98 步枪的放大版本，威力巨大，但强大的后坐力可不是所有人都能承受的。

“巴祖卡”火箭筒

■ 为什么不能叫它“巴祖卡炮”

当“巴祖卡”火箭筒来到战场上以后，美军士兵用它摧毁了许多德国坦克，他们对这种威力巨大的武器爱不释手，称之为“巴祖卡炮”。事实上，这种叫法是错误的。因为“巴祖卡”使用的并不是普通的炮弹，而是专门研制的火箭弹，所以更应该称它为“巴祖卡火箭发射器”。

炮是点燃炮弹药筒中的火药后击发的，因此，炮管必须具有足够的厚度和强度。而像“巴祖卡”火箭筒这样的武器所发射的火箭弹是依靠自身的力量飞行的，因此无需非常厚实的炮管。“巴祖卡”火箭筒是用重量较轻的铝合金制成的。

■ “巴祖卡”的发射原理

“巴祖卡”系列中最早的 M1 于 1942 年 7 月定型，外形与后续型号差别较大，其主体是一根长 1.38 米的无缝钢管，左侧焊接有简易机械瞄具，下方有两个带有木制护片的握把和一个大型的木制肩托，在筒口部有一个不大的方形挡焰片，筒尾部有一个钢丝焊成的喇叭状支架，支架的作用并不是消除后喷尾焰，而是防止筒尾因磕碰变形而影响火箭弹的装填。在筒身中、后部设有金属加固环，以减小筒身变形的可能性。这些设计或多或少地都曾被后来的各型火箭筒所效仿。

M1 型筒尾上方有一个接线盒，从中牵出两根导线，一根与肩托内的电池相连接，另一根则通到扳机，用来控制线路的闭合。发射机构由发射机体、扳机、扳机簧、电路接触环以及手电筒电池组和导线、检验灯等组成。筒身中部设有皮革防热护套，此外还有方便携行的背带，一端连接在握把底部，另一端直接拴在筒身后部。M1 型的主要缺点是体积大、质量大，电池安装和更换比较麻烦，而且一旦电池安装以后整个点火线路就由扳机控制，不够安全。

后来“巴祖卡”系列最重要的型号之一是 M20“超级巴祖卡”。它的射程和穿甲能力都大为提升，在朝鲜战争中被美军大量使用。

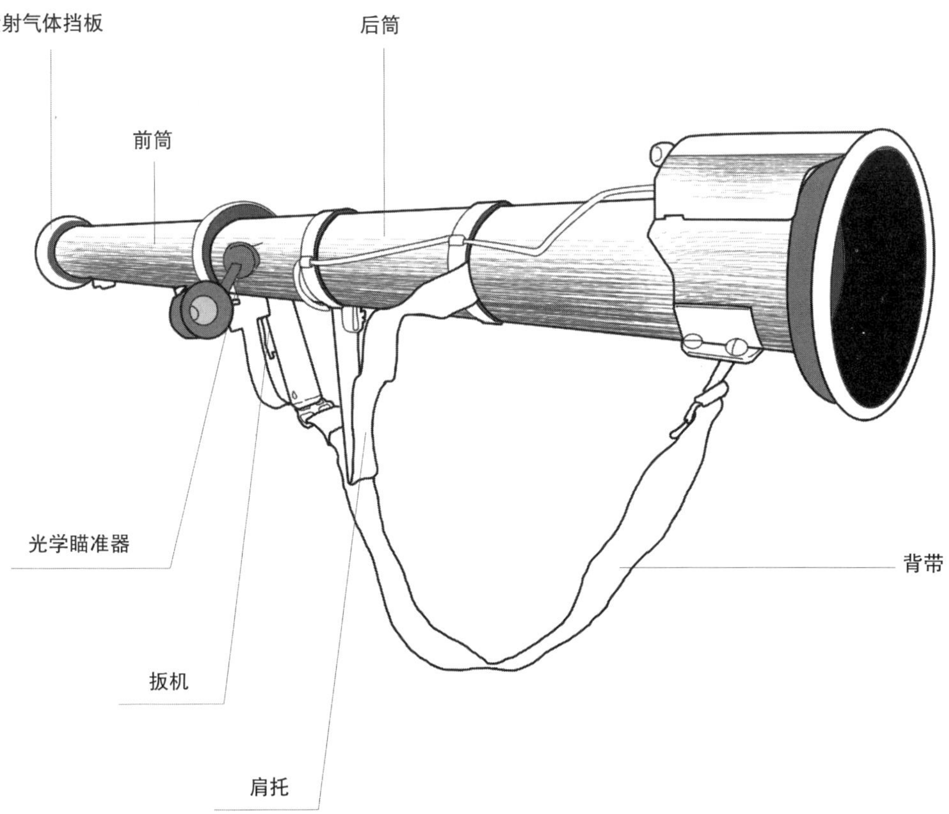

▲“巴祖卡”火箭筒的结构

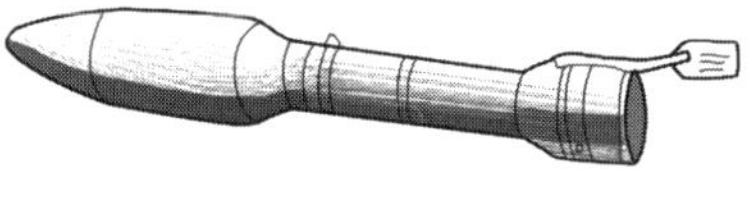

▲ 89 毫米火箭弹

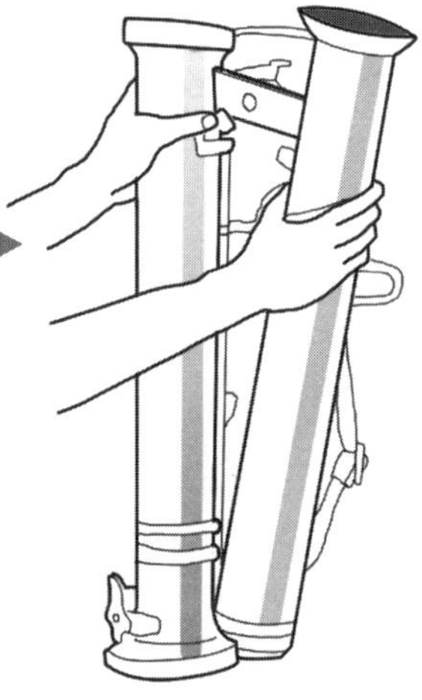

M20“超级巴祖卡”

类型：火箭弹发射器

全长：1550 毫米

口径：89 毫米

重量：6.5 千克

■ 注意“筒后喷火”

在使用单兵携带式的火箭筒、无后坐力炮等武器时，必须要注意筒后喷火。当这类武器发射的时候，产生的排焰与爆风会从发射器的后方喷出，借此抵消大部分后坐力。向后喷出的筒后喷火所具有的能量不容小觑，甚至可以把人吹飞。M20“超级巴祖卡”在发射的过程中，后方的25米范围都是危险区域。因此，不仅在发射的时候要确认后方是否还有同伴，也不能在狭窄的空间中使用这类武器，以免高压气体和产生的冲击波在碰到墙壁之后反弹回来伤到自己。

除此之外，筒后喷火会在发射地点扬起很重的沙尘，敌人在远处就能看得一清二楚，也就是说在发射火箭弹的同时就会暴露自己的位置。如果不能迅速转移必然会遭到敌人的反击。

无后坐力炮也会出现类似的问题。虽然无后坐力炮使用的不是火箭弹，不会产生强烈的尾焰，不过发射火药燃烧产生的高温高压气体也会从炮管后方喷出，以此抵消后坐力。再推动炸弹前进。它拥有一个约110米的正面有效射程。

PIAT

类型： 反坦克榴弹发射器

全长： 990毫米

枪管长： 76毫米

全重： 14.5千克（弹头3千克）

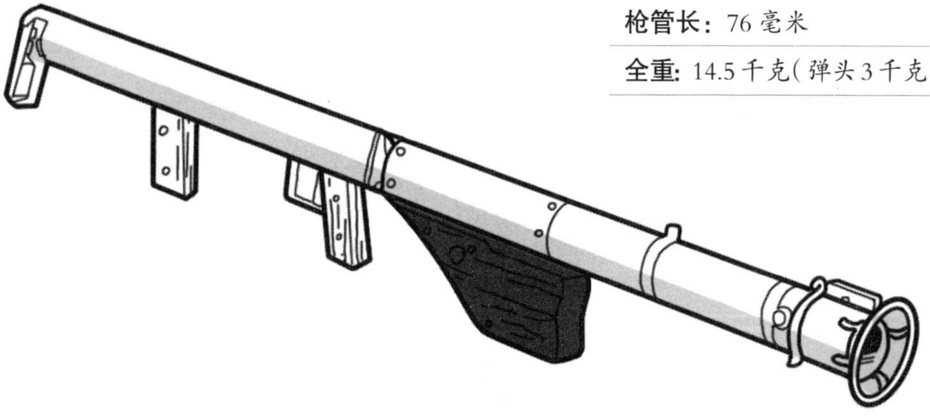

M9 火箭筒

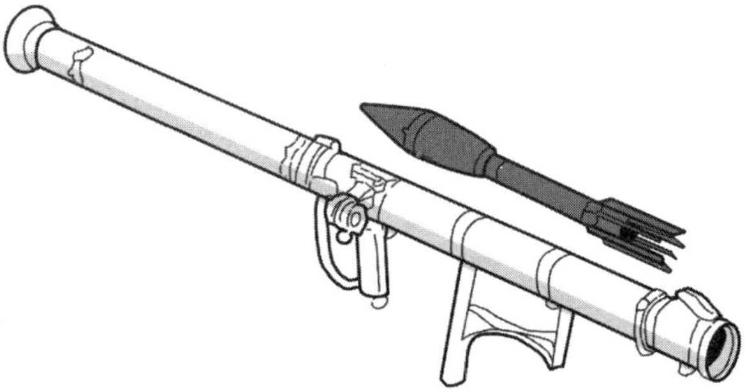

类型： 火箭发射器

全长： 1550 毫米

口径： 60 毫米

重量： 6.5 千克

※ M9 火箭筒在二战中表现非常出色，但随着坦克装甲技术的进步，在朝鲜战争中就已经很难再摧毁对方的坦克。

“巴祖卡”的射击姿势

跪射①：

适合在移动过程中迅速射击的姿势。上半身挺直，右膝跪地支撑。

跪射②：

左手肘置于左膝上进行支撑的射击姿势。

坐射①：

适合瞄准移动目标的射击，以盘腿而坐的方式进行射击。

坐射②：

两手肘分置于左右膝盖上，双脚要保持稳定支撑。装填手也可以辅助支撑。

卧射：

高度最低的射击姿势，适合射击固定目标。射手的右脚要与发射筒轴线保持大约 45°的角度，装填手与发射筒呈直角趴卧。

RPG-7 火箭筒

■ 用途广泛的杰出武器

二战末期，苏联参照德国研制的“铁拳”火箭筒制成了 RPG-2 火箭筒，而 RPG-7 则是它的发展型。“RPG”是俄文转写字母“Rocket Propelled Grenade”的缩写，意为火箭推进式榴弹。

作为一款高度实用且价格低廉的单兵武器，和 AK 系列自动步枪一样，RPG-7 被许多第三世界国家或者反政府武装部队、步兵及游击队，甚至有西方国家的军队也在使用，它成为目前最广泛被使用的反坦克武器之一。目前世界上至少有 40 个国家在使用 RPG-7，并有多个国家被授权生产和仿制。

就连美国的 Airtronic USA 公司也曾推出一款 RPG-7 改型（RPG-7 USA），该版本改用沿自 M4 卡宾枪的手枪握把、垂直式辅助握把和伸缩式枪托。RPG-7 USA 目前至少已获菲律宾军队和秘鲁特种部队所采用。

RPG-7 最大的特点是利用发射器和火箭双重推力，射程比单一动力的榴弹发射器或者火箭筒都远。与 RPG-2 相比，RPG-7 采用合金钢材料制成，总重量更轻，适合单兵携行。此外，增加了测距光学瞄准具，还可以使用微光瞄准镜和红外夜视瞄准具，以便在星光下或其他微光条件下使用，增强了其夜战能力。

RPG 火箭筒的设计初衷与“铁拳”“巴祖卡”一样，都是为了对付敌方的坦克。随着性能的提升，它不仅能够对运输车辆、坦克、装甲车等陆地交通工具构成相当威胁，甚至对造价昂贵的航空器，如直升机、低空飞行的攻击机等也能有效杀伤。

除了使用穿甲弹以外，RPG 还能使用云爆弹等其他弹头，极高的通用性和改装性使得它不仅是一款纯粹的单兵反坦克武器，也是一门灵巧多变的“步兵大炮”。

※ 注意左手握持的握把位置，用于稳定的握把位于右手控制发射握把的后方。

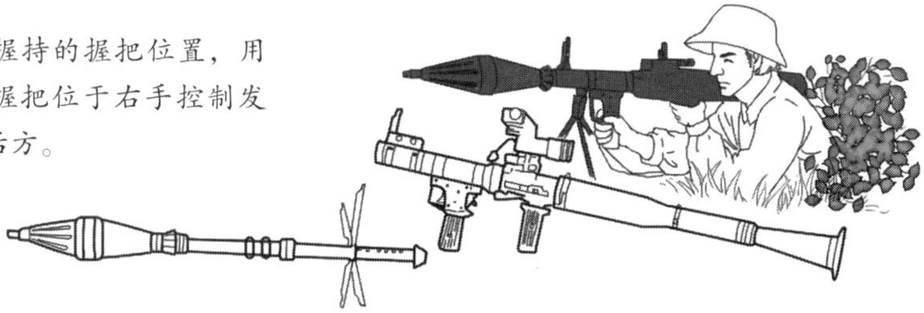

RPG-7

类型：无后坐力炮式火箭弹发射器

全长：950 毫米

口径：40 毫米（弹头直径 85 毫米）

重量：7 千克（弹头 2.25 千克）

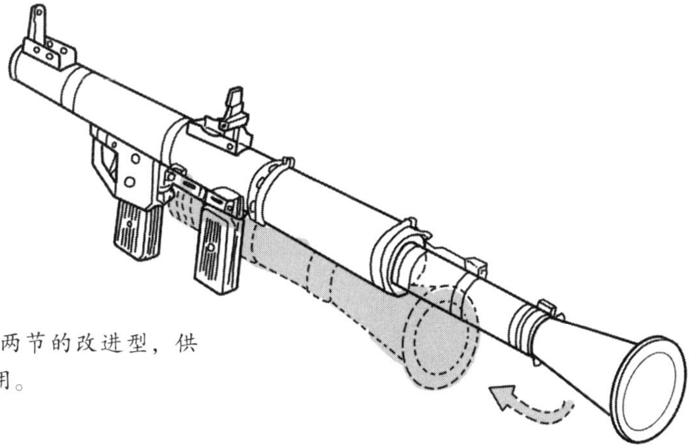

▲ RPG-7D

能够拆分成两节的改进型，供空降部队使用。

■ RPG-7 使用方法

一般来说，RPG-7 的火箭弹会把弹头和推进部分分开存放于不同的弹药箱中。使用的时候，先分别把它们从弹药箱中取出，然后对准螺纹安装在一起。RPG-7 使用的火箭弹弹头直径为 85 毫米，而发射器的口径为 40 毫米，因此，仅有推进部分可以装进发射器中，弹头露在发射器外面。

发射火箭弹与其他枪械的操作方式一样，需要打开保险，扣下扳机，连动击锤敲击推进部分的底火，推进部分中的火药就会高速燃烧，将火箭弹发射出去。此时排出的火焰和高温高压气体会从发射器后方喷出，通过后喷的力量可以抵消发射时产生的后坐力。到目前为止，RPG-7 的使用方式和普通的无后坐力炮相同。

当弹头离开了发射器之后，原本收折的弹翼就会弹开，用来稳定弹道。在利用无后坐力炮的推力飞出 10 米左右后，便会自动点燃火箭推进器加速飞行。此时，就能看出 RPG-7 和 RPG-2 有无后坐力炮的区别了。RPG-2 发射的炮弹会以抛物线状的弹道飞行，而 RPG-7 发射的火箭弹会在中途改为火箭推进，所以它的弹道是一种比较低平的轨迹。

虽然 RPG-7 的弹头飞行速度快，威力大，但也应看到，RPG 并不是一本万利的武器。由于其发射的火箭弹结构特殊且“头重脚轻”，非常容易受到风的影响，精度随距离的增加而迅速降低，通常需要靠近敌人，大量发射以求命中。即便如此，在巷战中如果能在近距离或者目标侧后方发起攻击，RPG-7 所能展现的战斗力仍是非常惊人的。在伊拉克战争中，就有过好几起美国最先进的 M1 艾布拉姆斯主战坦克被 RPG-7 击毁的例子。

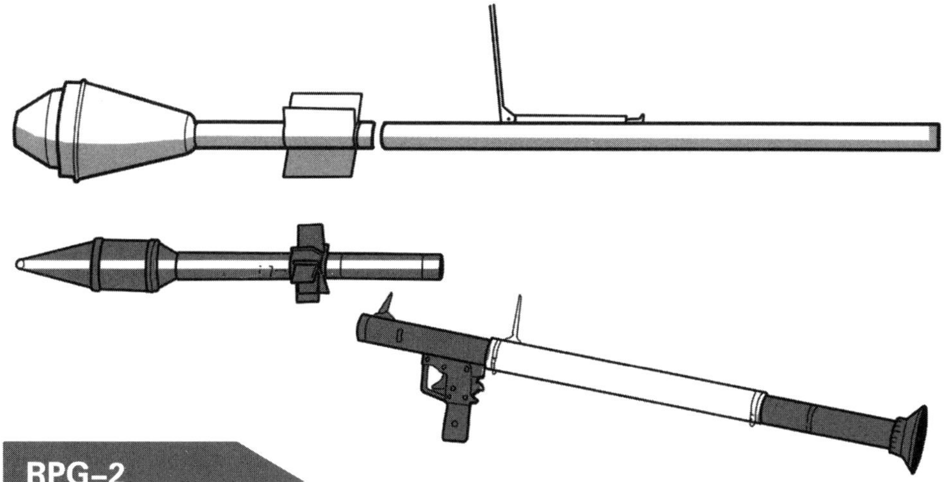

RPG-2

类型：无后坐力炮式榴弹发射器

全长：1494 毫米

口径：40 毫米（弹头直径 82 毫米）

全重：2.85 千克（弹头 1.84 千克）

※ 在壕沟等地方发射时，除了要注意后方，还需要考虑到火箭弹发射出去后弹翼展开的情况，必须要保证火箭筒离地至少 25 厘米。

▶ 69 式火箭筒

由中国北方工业公司制造，为 RPG-7 的中国版本。

RPG-7 的攻击效果

RPG-7 使用的火箭弹弹头中装有压电式引信，在命中目标时会因冲击而毁坏，产生高压电流引爆弹头内的炸药。RPG-7 使用的弹药有很多种类，主要以火箭增程破甲弹为主，将爆炸的能量集中于一点，冲破坦克等作战车辆的装甲，破坏车体内部。

如果弹头没有命中目标的话，会在飞行约 900 米后自毁。

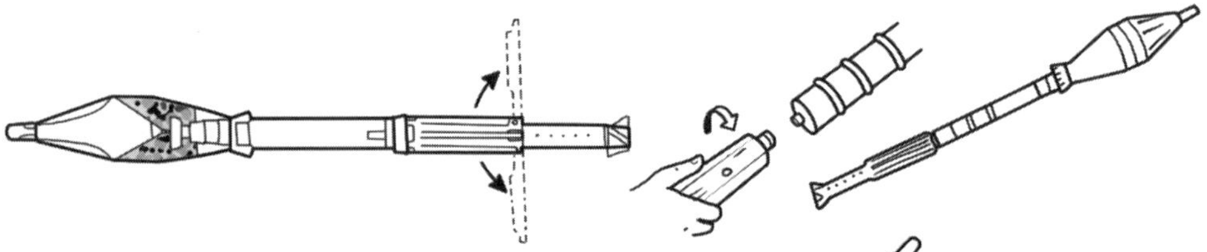

▲ 弹头部位和推进部分以螺栓的形式结合。

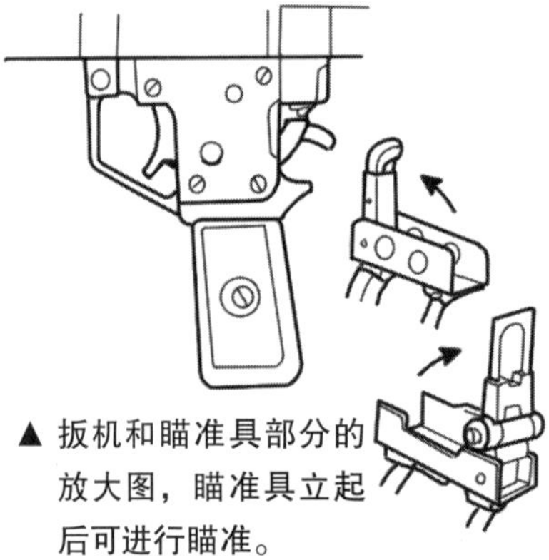

▲ 扳机和瞄准具部分的放大图，瞄准具立起后可进行瞄准。

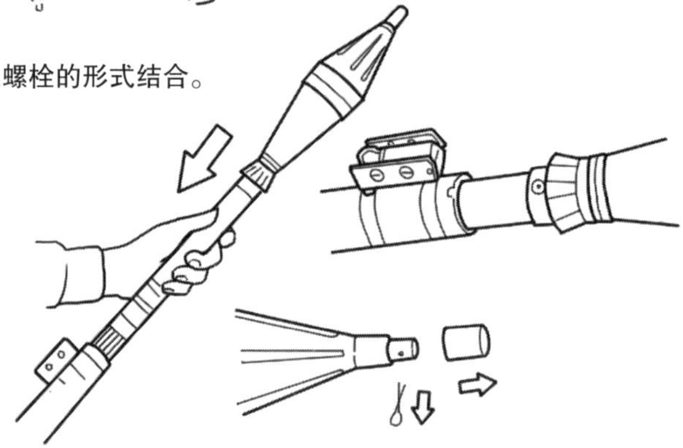

▲ 把推进部分插进发射器，在发射之前要移除引信的安全插销。

▲ 压下击锤待发，按住保险按钮接触保险后扣下扳机。

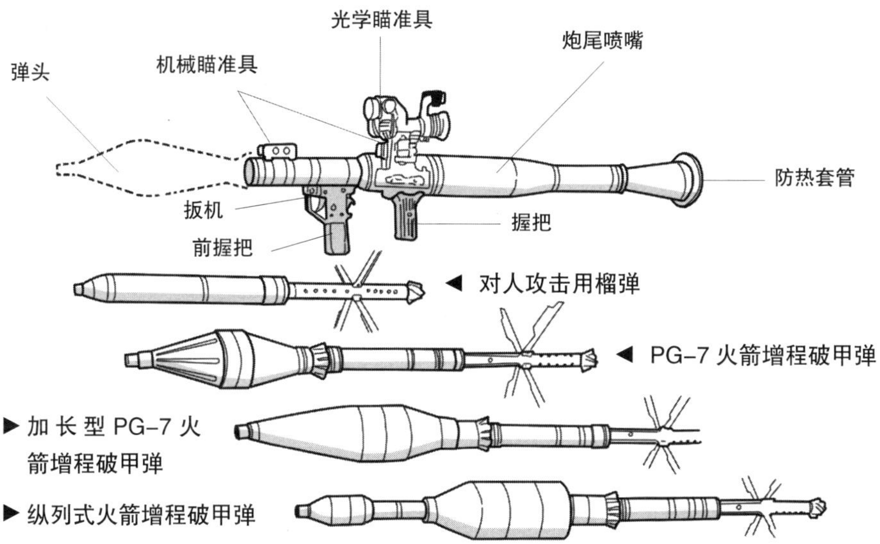

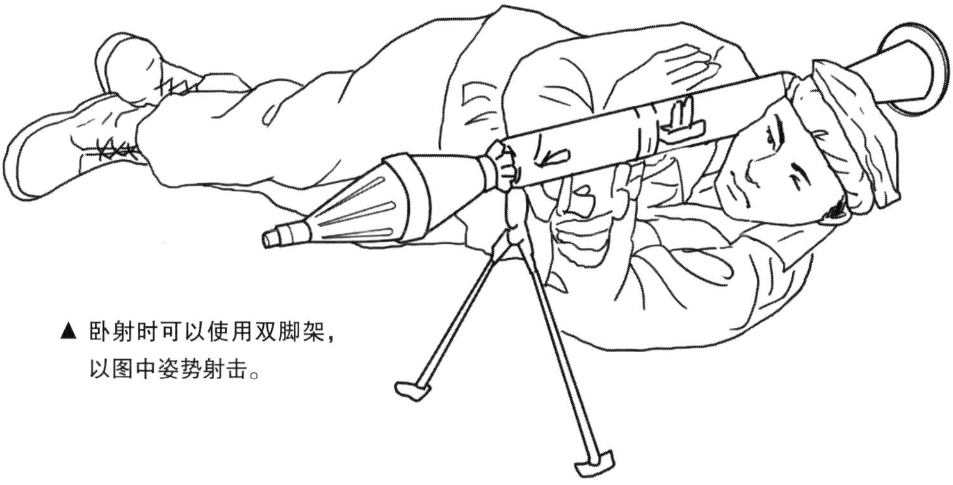

▲ 卧射时可以使用双脚架，以图中姿势射击。

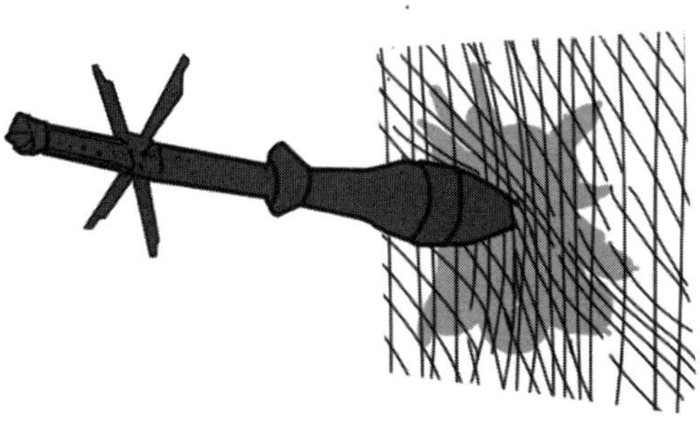

◀ RPG-7 的弹头一旦被金属网拦住，引信就会短路，这也是防御 RPG-7 攻击最常用的方法之一。

M72 火箭筒

■ 拉出管子才能发射

M72 火箭筒的全称是 M72 LAW，LAW 是“Light Anti-armor Weapon”的缩写，意为轻型反装甲武器。

美国赫西东方公司在 1958 年开始研制的是一种单兵便携式、重量轻、一次性的反装甲武器，也可用于对炮位、碉堡，建筑或轻型车辆等次要目标进行破坏。M72 于 1962 年定型并投入生产，在 1964 年开始大量装备于美军部队，以取代 M20“巴祖卡”火箭筒，在越南战场上使用非常广泛。

M72 的主要结构是一根兼具火箭弹携带容器和发射筒功能的管子，外筒为玻璃纤维材质，内容是铝合金制成。携带的过程中，内筒处于收纳状态，并不接驳点火装置。就算将内筒拉出，只要不发射，内筒仍就可以再次压回去。使用时先要拔出安全插销，然后将内筒向后拉出，竖起瞄准具进行发射。

■ “用后即丢”的一次性武器

早期的 M72 暴露了不少问题，如因防潮密封和防腐性能不好，常出现不发火、击发机构失灵等故障。1970 年后不断改进，发展成了 M72A1、M72A2、M72A3、M72A4 和 M72-750 系列反坦克火箭筒。M72A1 口径 66 毫米，筒长 655 毫米，战斗全重才 2.4 千克，称得上世界最轻的火箭筒。它对活动目标的有效射程 150 米，对静止目标为 300 米，在垂直击中的情况下，破甲深度约为 300 毫米。M72-750 改进了引信和战斗部，穿甲能力增大到 380 毫米，射程增大到 500 米。这种火箭筒的便携性和使用方便性很受士兵的欢迎。在 1973 年第四次中东战争中，以色列军使用的 M72 火箭筒让叙利亚和埃及的坦克吃了不少苦头。现今在世界一些国家和地区还能看到它的身影。

相比于“巴祖卡”发射之后继续装填就能再次使用，M72 发射过之后就可以将整支发射筒丢弃，是一种“用后即丢”的一次性武器。

M72A3

类型：火箭弹发射器

全长：665 毫米（收起）
899 毫米（展开）

口径：66 毫米

重量：2.5 千克（弹头 1.8 千克）

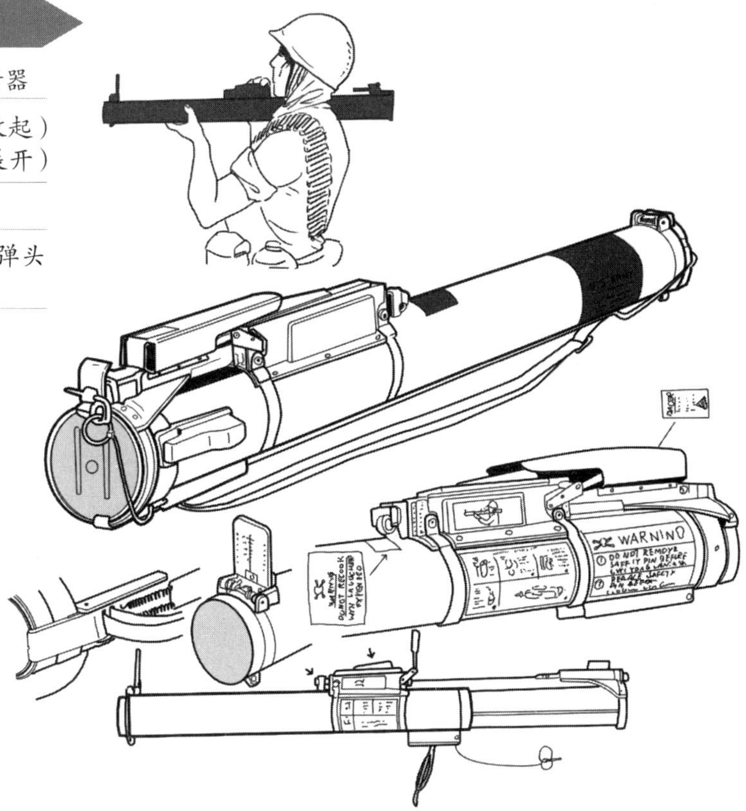

▼ 66 毫米破甲弹

全长 508 毫米，发射后尾部的 6 片尾翼会通过弹簧展开，为了确保射手的安全，弹药中的引信保险会在飞行超过约 10 米之后才会解除。

M72 的威力如何

M72 火箭筒诞生至今已经超过了半个世纪。在这半个多世纪中，各种主战坦克成为了各国装甲部队的主力，而 M72 的威力已经不足以摧毁它们。在美军中，M72 已经被威力更大的 AT-4 火箭筒等武器所取代，但 M72 仍具有小巧轻便、价格低廉等优势，因此还会继续装备于一般部队中。

如今 M72 的主要用途是对付轻型战斗车辆，或者是将火箭弹发射到敌人藏身的建筑物中，为步兵提供火力支援。在战斗中的作战效果虽称不上突出，但却是一种非常实用的武器。

M72 火箭筒在发射时，其后方 15 米范围是筒后喷火的危险区域。

以火箭筒为轴线的左右 30° 区域都属于危险区域，在发射时应保持火箭筒与同侧的腿保持 45° 角。

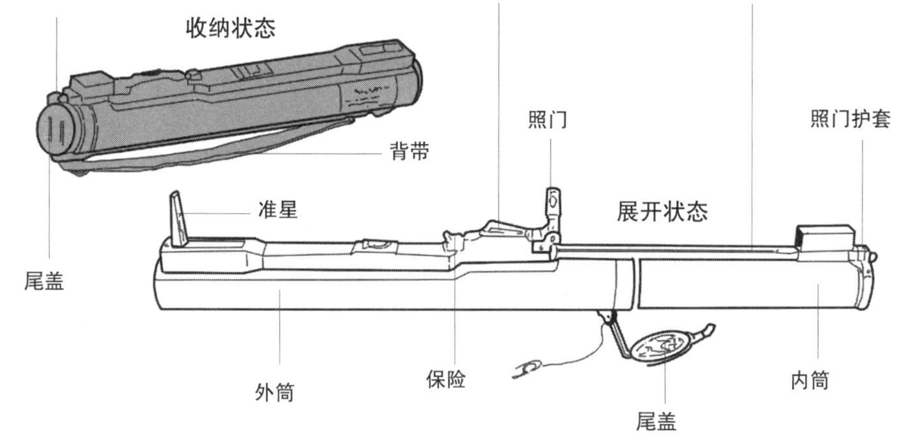

M72 的结构

◀ M72 可以收纳在战术背包中，这是它的一大特点。由于 M72 是一种一次性武器，因此通常每人会携带 2–3 具。

※ 俄罗斯的 RPG 系列的新型号有 RPG–18、RPG–22 等，也与 M72 一样，变成了“用后即丢”的一次性武器。

RPG–18

种类：火箭弹发射器

全长：705 毫米（收起）/ 1050 毫米（展开）

口径：64 毫米

重量：2.6 千克

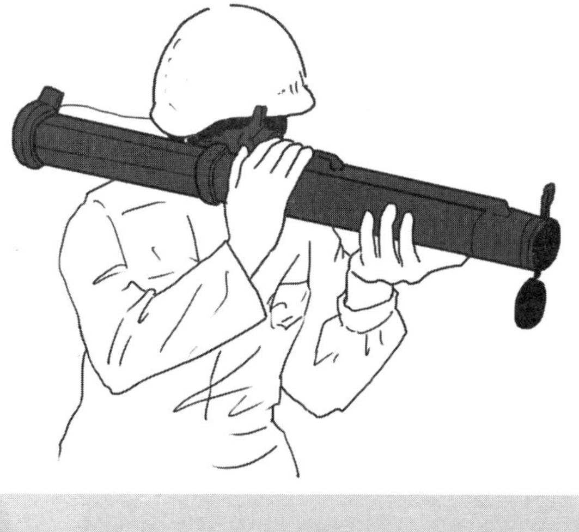

AT-4 火箭筒

M72 火箭筒的接任者

AT-4 式火箭筒于 1976 年开始由瑞典 FFV 军械公司研制，它参加了美国陆军在 1983 年举行的步兵反坦克火箭的竞标活动，并击败了众多对手，成为了最后的赢家。

AT-4 与 M72 一样，是一种“用后即丢”的一次性火箭筒，但它的结构更简单，无需拉出内筒即可发射。火箭上安装的夜视镜等瞄准装置在使用过后会拆下来重复使用。

AT-4 除了能够发射使用锥孔装药火箭破甲弹之外，还能使用专门攻击碉堡等建筑的火箭弹。这种火箭弹可以设定引信的爆炸时间，选择在命中目标瞬间引爆或是穿透墙壁之后在室内引爆。

AT-4 如何解决筒后喷火的问题

AT-4 与 RPG-7 相同，采用了无后坐力炮的工作原理，在发射的时候让产生的高温高压气体从火箭筒后端排出，以此抵消后坐力。在火箭筒后方的 15 米范围内都是危险区域，也没办法在狭窄的室内建筑物中使用。

为此，美国军方对 AT-4 进行了改良，推出了一种专门用于巷战的 AT-4CS。它用盐水取代火药气体，以向后喷出盐水的方式抵消后坐力，这样即使在狭窄的室内也可以使用，并能保证射手不会被爆风和冲击波伤及。

AT-4 的弹药

AT-4 有许多不同种类火箭弹，注意因为 AT-4 是一次性武器，这些火箭弹都是事先装好。

HEAT（高爆穿甲弹）：AT-4 HEAT 是一种低弹道低分散武器，可穿透 420 毫米的装甲；HE-DP（高爆两用弹）：用在碉堡和建筑物上，火箭弹可设定为碰撞引爆或延迟引爆；HP（高穿透力弹）：更强的穿透能力，可贯穿 500 ~ 600 毫米的装甲。

▼ 发射 AT-4 时，射手先将肩托展开，然后把火箭筒扛在肩上，接着拉起瞄准具，拔出保险插销，扣下扳机便可发射。

AT-4

种类：	火箭弹发射器
全长：	1020 毫米
口径：	84 毫米
重量：	6.7 千克

※ 在 AT-4 的基础上，美军还推出了强化版 AT-12T，它主要发射锥孔装药火箭弹，用于攻击坦克等战斗车辆装甲比较薄弱的顶部。

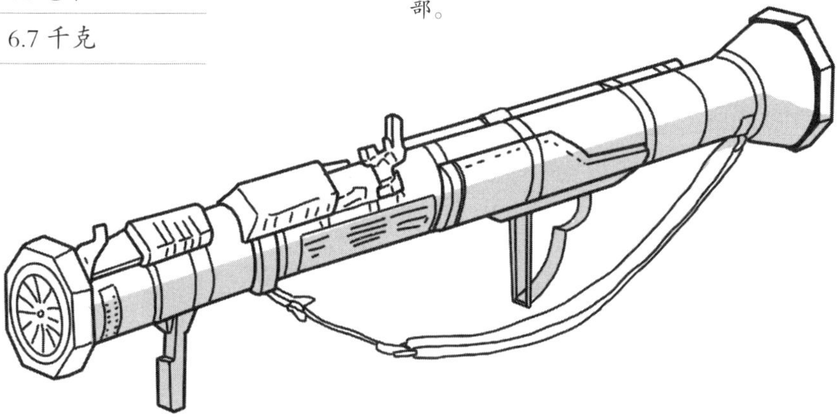

卡尔·古斯塔夫 M2/M3

是无后坐力炮，不是火箭筒

卡尔·古斯塔夫 M2 由瑞典 FFV 军械公司于 20 世纪 40 年代研制成功，1948 年装备瑞典陆军。20 世纪 50 年代中期 FFV 军械公司对原型产品进行了系统改进，并定名为卡尔·古斯塔夫 M2 火箭筒。实际上，卡尔·古斯塔夫 M2 并非火箭筒，而是无后坐力炮。在它的炮管内部，与步枪一样刻有膛线。

卡尔·古斯塔夫 M2 的炮管后方开有空洞，发射时产生的高温高压气体可以从后方喷出去，以此降低发射时产生的后坐力。从原理上说，无后坐力炮的筒后喷火比较强烈，危险程度更甚于火箭筒。发射时如果有人站在火炮后方的话，就会被产生的巨大爆风和冲击波袭击，所承受的伤害甚至接近炮弹爆炸。

由于卡尔·古斯塔夫 M2 是炮而不是火箭筒，因此主要重新装填炮弹就能够重复使用，而不是像火箭筒那样“用后即丢”。卡尔·古斯塔夫 M2 可以装填多种类型的炮弹，常见的榴弹、穿甲弹、照明灯、烟雾弹等均可使用。

卡尔·古斯塔夫 M2 重达 15 千克，这样的重量令单兵使用它时非常不便。因此，瑞典 FFV 军械公司根据军方的要求，对卡尔·古斯塔夫 M2 进行了全面的改进设计：广泛地采用轻金属和非金属材料，使火箭筒的质量由 15 千克下降到 8.5 千克；并且专门研制了研制了火箭增程尾翼稳定的超口径破甲弹，提高了射程和威力。新的型号卡尔·古斯塔夫 M3，美军称之为“M3 多用途反装甲反坦克武器系统”。在美军特种部队中，卡尔·古斯塔夫 M3 的使用非常广泛，美国陆军特种部队、第 75 游骑兵团、美国海军海豹部队、三角洲特种部队等都装备了这款反坦克利器。

在美军中，卡尔·古斯塔夫 M3 一般由两个人所组成的团队所使用。其中一人携带发射器并以手枪作为个人防护的装备，而另一人则携带弹药并作为炮手的检查员。与领着一众 FFV 公司的产品 AT-4 相比，M3 虽然重量更重一些，可以重新装填和发射多发弹药。

※ 除瑞典军队装备使用外，澳大利亚、加拿大、德国、英国、以色列、新加坡等国家的军队也曾装备卡尔·古斯塔夫 M2，但现在基本已被更先进的火箭筒所取代。

卡尔·古斯塔夫 M2

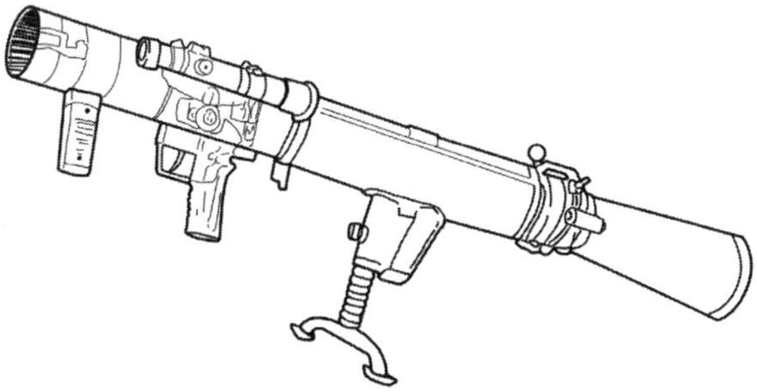

种类：无后坐力炮

全长：1130 毫米

口径：84 毫米

全重：15 千克（弹头 3.2 千克）

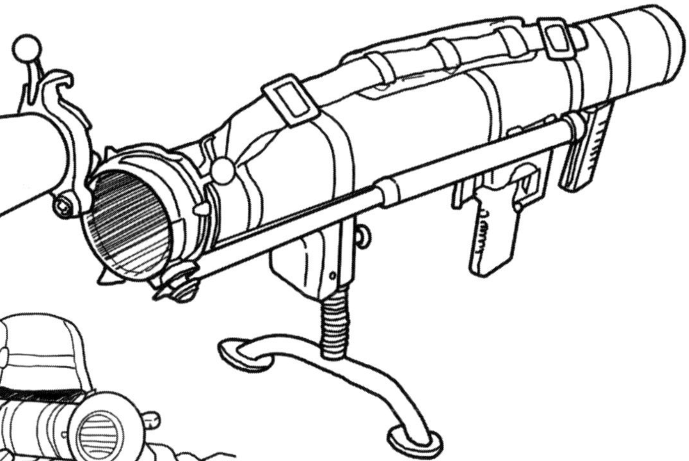

▲ 由于它不是火箭弹发射器，而是无后坐力炮，因此炮管内刻有膛线。

▼ 无后坐力炮的筒后喷火很强，因此发射时必须留意后方。

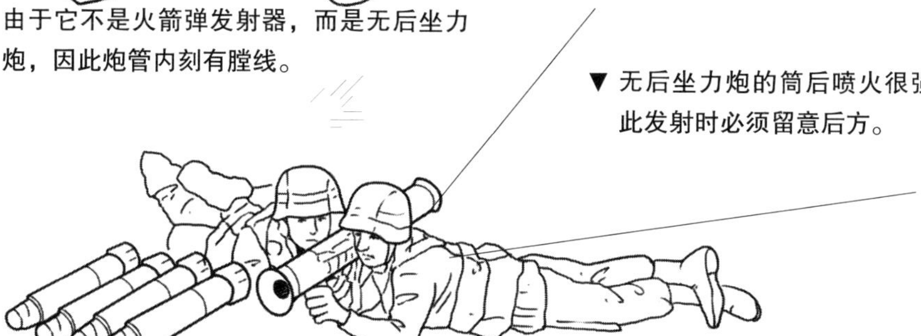

"铁拳"3

说起"铁拳"3，得先提一提"铁拳"无后坐力炮。"铁拳"无后坐力炮是二战中德国的一种反坦克武器，主要由两个部分组成：提供反坦克榴弹出膛动力的钢制火药管和插在火药管前的反坦克榴弹枪。发射的时候，步兵扣下火药管外的发火针，启动冲击帽点燃管内的推进火药，使反坦克榴弹离开发射筒，弹簧尾翼随之展开，使其稳定飞向目标爆炸。其凹型的爆破部内含高爆炸药，其能贯穿150毫米的装甲。

"铁拳"的优势主要体现在近距离巷战中。由于制造工艺极其简单，以至于在1945年柏林被围之后仍然有大量的"铁拳"出厂并能及时地补充给城防部队使用。由于这种武器非常易于操作，所以"铁拳"也成为了仓促编成的新兵部队和国民冲锋队的首选反坦克武器。而对于经验丰富的武装党卫军反坦克小组，以"铁拳"进行精确伏击，让盟军装甲部队非常头疼。

"铁拳"3火箭筒是"铁拳"无后坐力炮的现代改型，适合作为现代及至未来战争需要的新型单反坦克武器。该火箭筒有重型和轻型两种，可用于摧毁现代主战坦克、装甲战车、城镇壁垒和野战工事，杀伤有生目标，制造烟雾和实施照明等。除了装备德国陆军外，还出口到瑞士、奥地利、韩国和日本等国。

"铁拳"3火箭筒还配有一个防止瞎火的备用火具。射击时，若针制点火功能失效该备用点火具能在稍稍延长一段时间后，自动点火。发射机构在握把折叠状态下，被强制保险，握把展开后，通过翻转保险装置解脱保险。此外，为了防止意外点火，还装备有一个防止事故的保险机构。

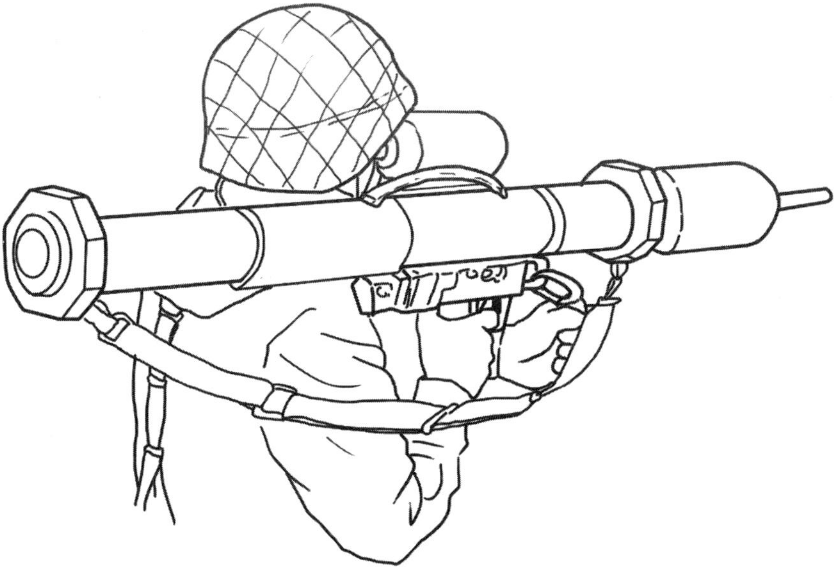

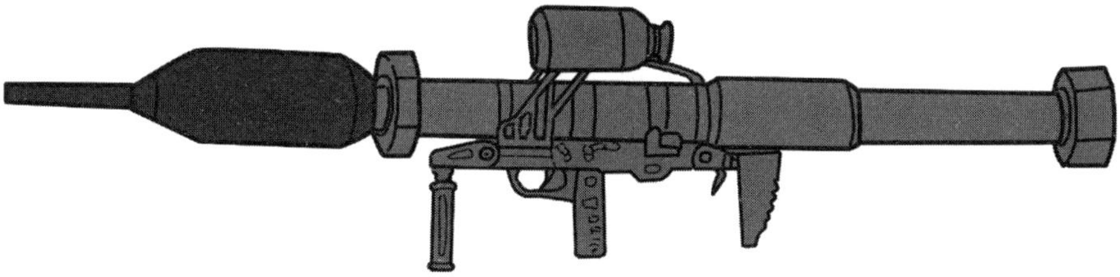

“铁拳”3

种类：火箭弹发射器	弹头直径：110 毫米
全长：1350 毫米	全重：12.9 千克（弹头 3.9 千克）
口径：60 毫米	

M47“龙”式反坦克导弹

附有导线的有线制导导弹

M47“龙”式导弹是美国于20世纪70年代研制的第一种便携式肩射型反坦克导弹，与无制导装置的火箭弹不同，M47“龙”式反坦克导弹可以在发射之后控制弹头的飞行，是具有制导装置的弹药。

M47反坦克导弹由导弹、发射筒和瞄准装置组成，发射筒上还附有射击时用来支撑稳定的折叠式脚架。和超级“巴祖卡”一样，“龙”式是一种“用后即丢”的一次性武器，脚架和发射管在发射过后均会被丢弃，但造价昂贵的瞄准装置则会拆下重复使用。

M47导弹还有一个特点，它的火箭并非位于最尾端，而是在弹体侧面开有60个小孔，这也是一个个小型的火箭发动机。它们会按照顺序先后点火，可以将导弹喷射出的火焰控制在最小的程度，也是修正导弹飞行路线的重要环节。

当导弹发射出去以后，射手需要继续通过装在发射管上的追瞄装置持续锁定目标。一旦导弹飞行过程中偏离目标，射手通过导线向导弹发出修正指令，点燃弹体上不同位置的发动机，向不同方向喷出的气流推动导弹沿着瞄准线飞行。导弹的最大飞行速度127米/秒，最大射程为1000米，最小射程为25米，命中目标时能击穿500毫米厚的装甲。发射完毕后抛弃空筒，将瞄准镜卸下后安装在另一发射筒上便可继续战斗。

M47“龙”式反坦克导弹装备后不久，美国军方就对其进行了改进，新的“龙”II导弹威力得到很大提高，可以击穿890毫米厚的装甲，射程也从原本的1000米提高到1500米以上。

M47“龙”式反坦克导弹

种类：反坦克导弹
全长：1230 毫米
直径：140 毫米
全重：16.9 千克（导弹 10 千克）

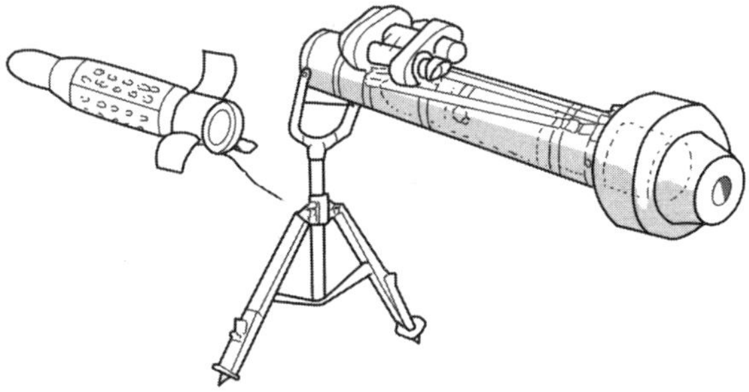

▲ M47“龙”式反坦克导弹已经被使用了很长时间，但由于发射后射手要持续瞄准，很容易遭到对方反击，现在美军已经陆续换装了更先进的“发射后不管”的 FGM-148“标枪”反坦克导弹。

BGM-71“陶”式反坦克导弹

■ 使用广泛的反坦克武器

BGM-71“陶”式反坦克导弹导弹的英文名是TOW Anti-tank Missile，意为“光学跟踪、导线传输指令、车载筒式发射的重型反坦克导弹武器系统”。是美军从1972年开始采用的一种大型反坦克导弹，也是目前西方国家使用最广泛的反坦克导弹系列。

“陶”式导弹主要用于攻击各种坦克、装甲车辆、碉堡和火炮阵地等硬性目标。可车载和直升机发射，也可步兵便携发射。

■ 海湾战争显威

海湾战争中，美国参战的数百辆M901式导弹发射车、大批M2步兵战车、M3骑兵战车、AH-15直升机和英国参战的“山猫”直升机等都配有“陶”式反坦克导弹。战争中，美国第1陆战师从两个地段突破伊军防御后，受到伊军装甲部队的翼侧拦阻，车载“陶”2反坦克导弹在1200米至3000米距离上开火，共发射110枚导弹，93枚命中目标，摧毁了伊军炮兵阵地内的几十辆T62、T55坦克，配合M1A1坦克击溃了伊军。英军“山猫”直升机发射“陶”式导弹600多枚，击毁伊军装甲目标450多个。

■ 后继无力

“陶”式导弹的开发者休斯公司在1989年发展出了无线传输制导的“陶”2N，但未获美军方采用。美国雷神公司之后也继续对“陶”式分支的研发，但相关的两个计划，即“陶”式后续计划（Follow-On To TOW，缩写FOTT）和“陶”式“发射后不管”计划（TOW-Fire and Forget，缩写TOW-FF）均因资金限制而取消。雷神公司和美国陆军在2001年和2002年期间合作发展出了一种加长射程的“陶”2B次型，虽然此导弹自2004年便已开始生产，美军至今仍未付予任何正式代号。

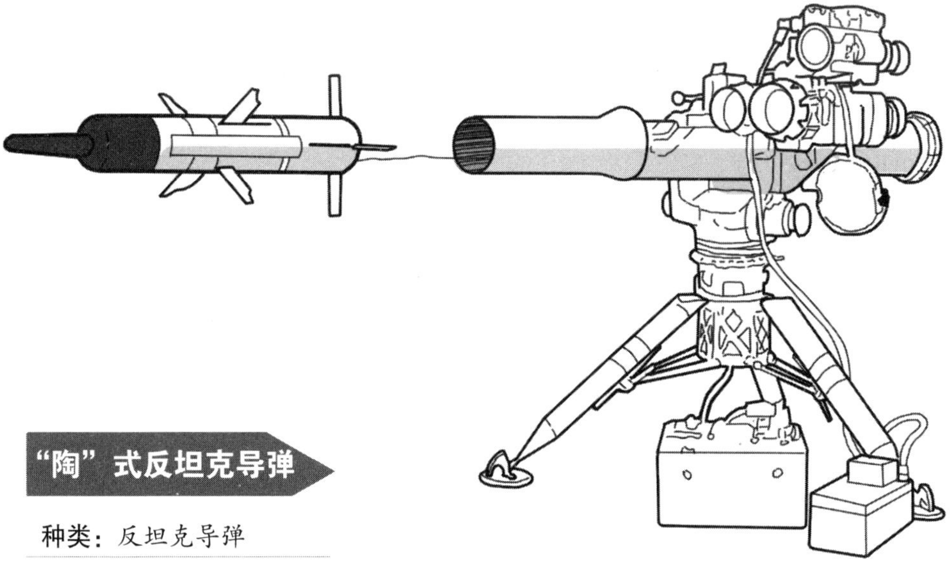

“陶”式反坦克导弹

种类：反坦克导弹

全长：2100 毫米

口径：150 毫米

全重：78.5 千克（导弹 20 千克）

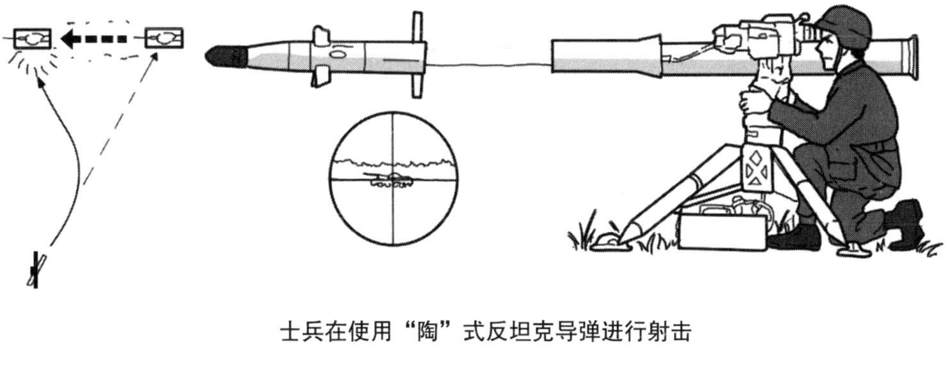

士兵在使用“陶”式反坦克导弹进行射击

※ 架设三脚架“陶”式反坦克导弹可以从较高的位置发射，由于“陶”式反坦克导弹仍然不具备“发射后不管”的自动追踪功能，射手必须在导弹命中目标之前持续瞄准。

AGM-114“地狱火”反坦克导弹

坦克的天敌

AGM-114“地狱火”导弹是美国洛克希德·马丁公司研制的一种空对地反坦克导弹。

“地狱火”导弹起初是专门为阿帕奇武装直升机设计的空地导弹，主要用来对付敌方坦克及其他装甲单位。和“陶”式反坦克导弹不同之处是，“地狱火”导弹无需通过导线制导，因此飞行速度很快，能够缩短飞行时间，不让目标有机会闪避或反击。一旦瞄准并锁定目标，导弹会自动追踪直至命中，具有“发射后不管”的功能。直升机发射“地狱火”导弹之后，行动不会受到限制，可以立刻回避敌人攻击。“地狱火”是属第三代反坦克导弹，它能摧毁重型坦克、厚装甲目标，用来代替“陶”式反坦克导弹。

“地狱火”不仅能从空中发射，还有用三脚架构成的陆基发射系统，也能架载在陆地车辆上发射。除此之外，还有许多衍生型号，甚至可以从舰上发射，攻击舰艇，使“地狱火”成为一种舰载导弹。作为空地导弹使用时，“地狱火”的军用编号为AGM-114A。作为舰舰导弹使用时，“地狱火”是一种能从海、陆、空中发射的、攻击海上或陆地上带有装甲机动目标的导弹，军用编号为AGM-114B。

“地狱火”导弹已被美国海军、海军陆战队、陆军采用。海军的AH-1直升机、海军陆战队的AH-64A都装备此导弹。装备舰艇时，一般都装在中小舰艇上。导弹还向国外出口，如英国、挪威、德国、以色列、意大利等国。

美军发现它的小弹头在城市战中可以有效降低对平民的伤害。此外，如果它的激光导引功能再加上一些技术和运气，可以直接打进窗户，对于反恐战争有战术价值。英军的AH-64曾将“地狱火”导弹装配上油气弹，用来打击塔利班潜伏的地下洞窟。美军也首创了将“地狱火”导弹配合无人飞行载具攻击恐怖分子的战术，由于无人飞机配备了顶尖的搜寻系统，可有效引导“地狱火”导弹正中目标。

“地狱火”反坦克导弹

种类：反坦克导弹

全长：1900 毫米

口径：178 毫米

全重：106 千克（导弹 45 千克）

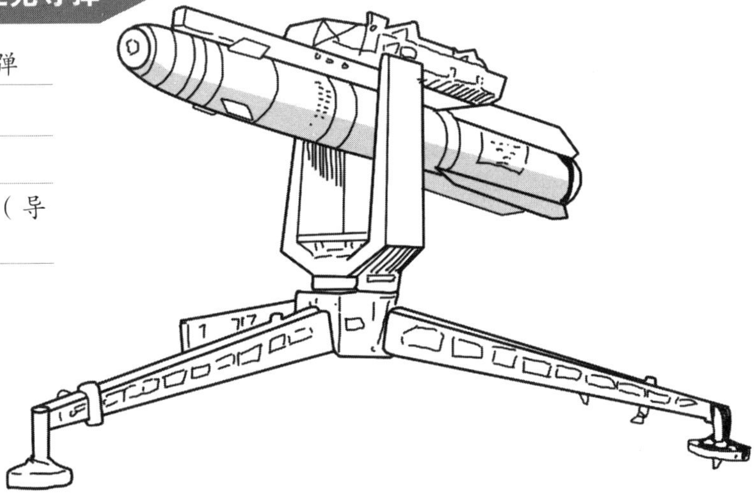

▼ 图为配备了“地狱火”导弹的 AH-64D。AH-64D 安装了先进的 AN/APG-78 长弓毫米波雷达系统，可以藏匿于掩蔽物（如高地、树木、建筑物等）的后方进行侦测与攻击，也通过内建的调制解调器与其他没有观测到目标的 AH-64D 交换攻击目标资讯。“地狱火”导弹在伊拉克战争中不仅是阿帕奇直升机的有力武器，也曾搭载在无人机上使用。

AH-64 阿帕奇

种类：武装直升机

全长：17730 毫米

旋翼直径：14.63 米

乘员：2 名（驾驶、副驾驶兼炮手）

最大起飞重量：10433 千克

武器：
M230 型 30 毫米机炮
AGM-114 “地狱火” 导弹
AIM-92 “刺针” 导弹 等

FGM-148"标枪"反坦克导弹

■ 可以"发射后不管"的单兵导弹

"标枪"是一种便携式反坦克导弹，开发于20世纪80年代，重约22.7千克，它可以攻击坦克、地面目标，甚至低空飞行的直升机。较之当前其他便携式导弹，"标枪"有着显著的优势。

传统肩射式反坦克导弹均是指令制导的，为了命中坦克，士兵必须瞄准目标并且引导导弹飞行。发射这样的导弹通常会发出很大的声响，烟雾及碎片会从导弹的发射管尾部冲出，这样很容易导致敌人发现导弹的来源并进行还击，士兵要么击毁坦克，要么放弃这次攻击。"标枪"发射后，它会自主制导飞向目标，这样，士兵可以迅速移动以躲避敌方还击火力或快速准备下一轮攻击。

"标枪"制导系统的核心是一组数字成像芯片，能够探测出战场上物体所发出的不可见的红外射线。士兵使用光学或红外观察器瞄准目标。步兵发现目标后按下发射按钮，导弹成像芯片捕获目标电子图像，导弹自行从发射管中发射。在导弹飞向目标途中，其摄像系统每秒获取目标的新图像并与其存储器内的图像进行匹配。如果目标移动，导弹仍会锁定它直至摧毁。

"标枪"发射后的飞行高度很高，最后是从坦克上方进行攻击。"顶部攻击"使得导弹规避了坦克所采取的普通对抗手段，如产生烟雾以混淆导弹及士兵的视线。更重要的是，"标枪"所攻击的是坦克装甲防护最为薄弱的地方。

在伊拉克战争中，美陆军、海军陆战队以及英国皇家海军陆战队都装备了"标枪"，其最远有效射程为2500米。但是，"标枪"也可以攻击65米远的目标，这就使得它也比较适于在狭小地区作战，如巷战。

"标枪"的另一个优点是它采用了"软发射"技术，不会产生那些极易暴露方位的黑烟或碎片。

"标枪"导弹

种类：反坦克导弹

全长：1198 毫米

口径：127 毫米

全重：22.3 千克（导弹 11.8 千克）

"捕食者"SRAW

■ 攻击坦克的弱点

"捕食者"SRAW（Short-Range Assault Weapon）是美国的一种单兵反坦克导弹，由美国洛克希德·马丁公司研制。FGM-172导弹是美军短程突击武器计划的产品，该计划于1987年由美国海军陆战队启动以替换当时的M72火箭筒等非制导反坦克火箭弹或榴弹。从1990年2月到1993年年中，多家公司参加了演示竞标阶段，其中的第一次试射在1991年进行。1994年7月，罗亚尔公司（现属于洛克希德·马丁公司）的"捕食者"被选入工程制造研发阶段。2006年被命名为FGM-172。

"捕食者"SRAW是一种"发射后不管"的武器，有效射程从17米到600米，用于对付固定或移动目标。在瞄准过程中，SRAW的惯性参考自动驾驶仪探测目标的移动角度，而在飞行过程中自动驾驶仪将导弹指引向预测的目标位置。

"捕食者"SRAW发射的是火箭弹，不过这种火箭弹内部装有惯性制导装置。如果火箭弹的飞行路线偏离原本的瞄准线，就会自动修正路径。如此一来，它就是一种可以划分为导弹的反坦克武器。

"捕食者"SRAW发射之后会在离地2.75米的高度飞行，经过目标上空时会出动探测器，让弹头向下炸开，利用锥孔装药弹头攻击坦克等装甲车辆防护最为薄弱的顶部。

2004年，美国洛克希德·马丁公司获得合同将所有剩余的SRAW弹全都改装为安装新型多用途爆炸破片战斗部的FGM-172B短程突击武器-多用途变型（SRAW-MPV）。这将意味着该导弹的用途从反坦克变为城市战突击武器，使其更好地满足陆战队的要求。

“捕食者”SRAW

种类：反坦克导弹

全长：890 毫米

口径：140 毫米

全重：9 千克

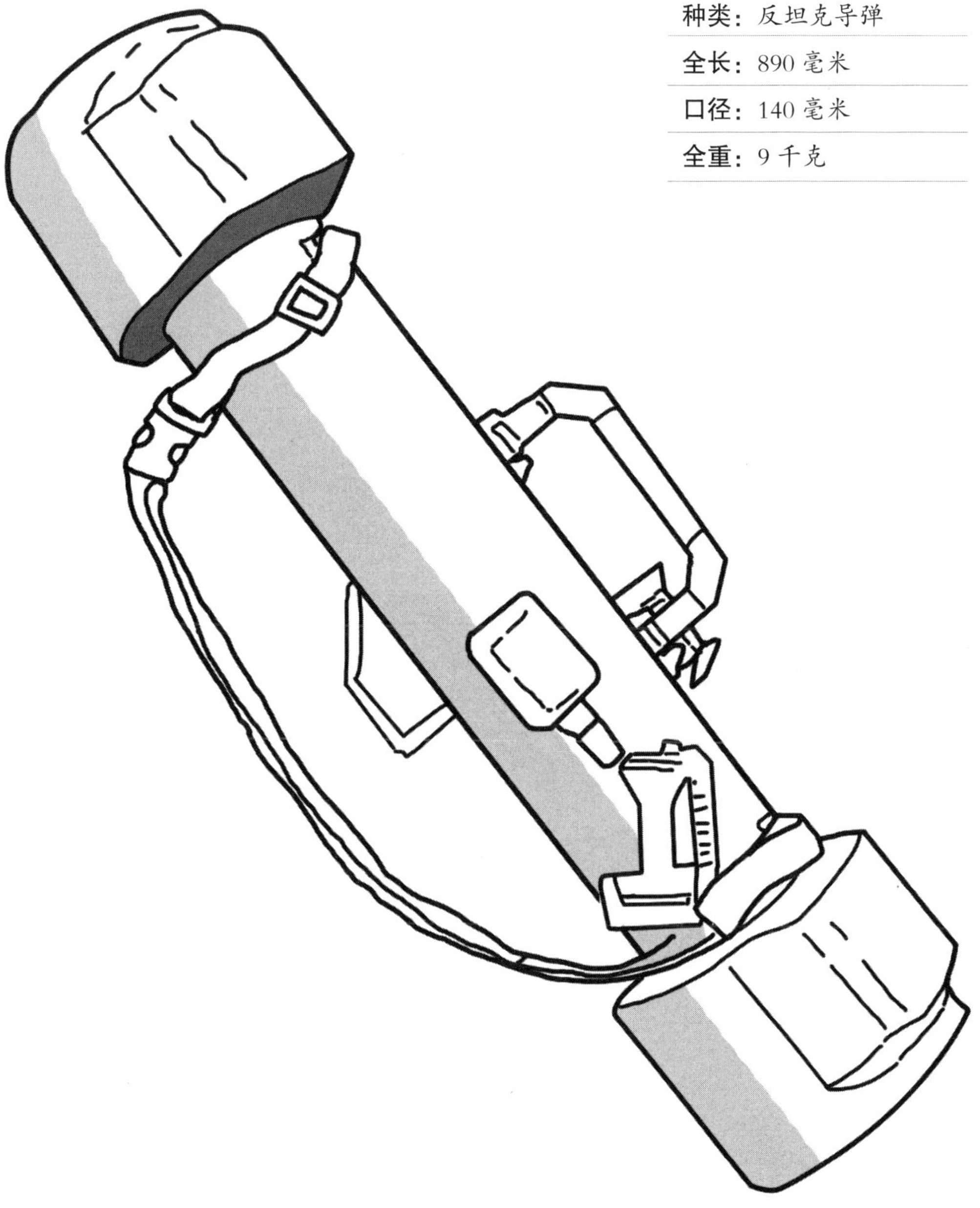

“米兰”反坦克导弹

“米兰”反坦克导弹是德、法两国于1963年开始共同研的反坦克导弹系统。作为轻型反坦克导弹，“米兰”反坦克导弹由兼具容器功能的发射筒、发射器、追瞄装置等部分组成，需3名步兵才能携带使用。

第一代“米兰”导弹于1972年服役，弹径103毫米，破甲深度650毫米，并于1976年在黎巴嫩战争中投入使用，用于对付T–55和T–72坦克。

1984年，第二代“米兰”研制成功。第二代“米兰”采用了经过改进的115毫米穿甲弹。1995年，第三代“米兰”问世。第三代“米兰”有一个工作在约0.9微米的脉冲氙红外信标和一个热成像夜视仪，以提高其抗干扰能力并能在夜间作战。

“米兰”导弹方案的先进性和灵活性，直到近些年来才显现出来。因为现在的军事行动，有很多都是在街头巷尾进行的，“米兰”导弹的射程最小可达25米，正好是巷战的理想武器。“米兰”导弹不仅能对付坦克，还击落过直升机和巡逻艇。

“米兰”导弹

种类：反坦克导弹

全长：900毫米

口径：115毫米

全重：28千克（导弹7.1千克）

“崔格特”中程反坦克导弹

“崔格特”中程反坦克导弹是法国、英国、德国联合研制的第三代便携式反坦克导弹，也可车载使用，原定于1998年装备部队，取代“米兰”导弹，能有效打击性能先进的坦克目标。

“崔格特”中程反坦克导弹采用激光驾波束制导方式，去掉了第二代导弹的制导导线。配用双级串联式战斗部，能击毁附有反应装甲的主战坦克。弹长1米，弹径152毫米，弹重11千克，系统全重33千克，射程50米至2000米。

“崔格特”中程反坦克导弹配用双级串联式战斗部，能击毁附有反应装甲的主战坦克，还可击落距离1500米以内的时速低于150千米的直升机。中程型为便携式可车载发射，可以攻击坦克前装甲或顶装甲，并能在狭小的空间发射。除此之外，还有一种“崔格特”远程导弹，射程超过7000米。

“崔格特”中程反坦克导弹

种类：	反坦克导弹
全长：	950毫米
口径：	152毫米
全重：	33千克（导弹11千克）

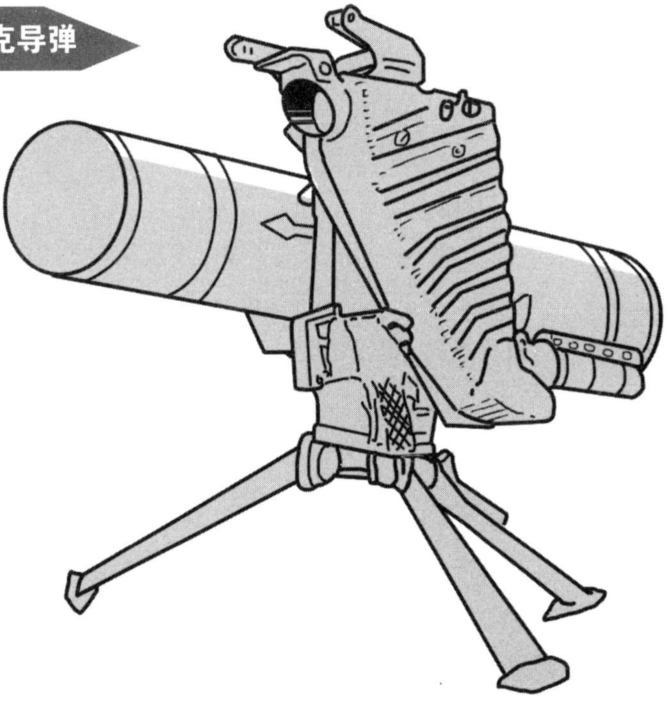

9K11“婴儿”反坦克导弹

苏联第一代反坦克导弹

9K11“婴儿”反坦克导弹是苏联自行研制并装备部队使用的、拥有机载型号的第一代轻型反坦克导弹。北约对9K11反坦克导弹的代号是AK-3，美国国防部称之为“火泥箱”。

作为苏联第一代反坦克导弹，9K11的性能较为先进。由位于柯洛姆纳的涅波别季梅机械制造设计局于20世纪50年代后期开始研制，车载原型及改进型分别于1961年和1963年开始服役，装备在苏联的BMP装甲车上。随后，其机载改进型于1968年开始服役，装备在武装直升机上。

9K11导弹收纳在一个可以分为两半的搬运箱里面，搬运箱同时兼具发射平台的功能，另外再加上瞄准系统构成。其最大特征是控制方式是由有线传送控制指令的控制器控制，操作的士兵如同玩电脑游戏般利用操控手柄来控制导弹行进方向，导弹发射时把导弹放置在发射箱的发射轨上，其战斗部采用高爆反坦克弹，能贯穿400毫米厚的装甲。

发射之后，射手必须继续监视目标与导弹。这种制导方式操作困难，命中精度与射手的个人技术有着很大关系。

击败以色列军队

1973年10月的第四次中东战争中，埃及从苏联购买了大量9K11“婴儿”反坦克导弹，并用其对以色列装甲部队进行了打击，取得了丰硕战果。这次作战为世界各国军事人员所重视，甚至出现了“坦克无用论”这样的观点。

9K11 导弹

种类：	反坦克导弹
全长：	880 毫米
弹径：	120 毫米
弹重：	11.3 千克

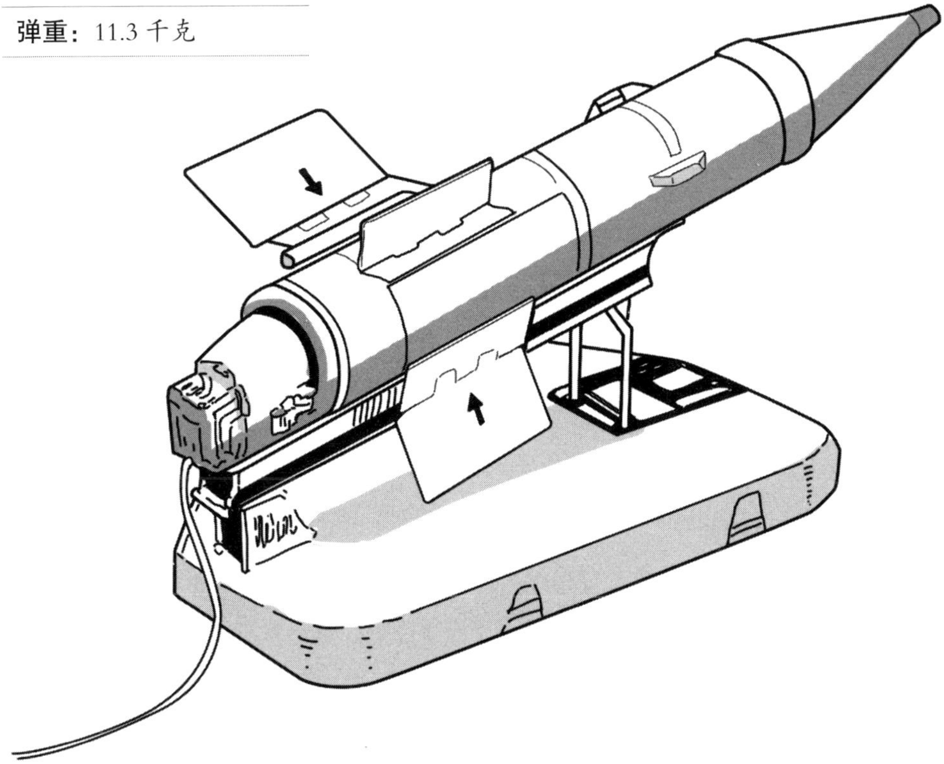

※ 图为设置在搬运箱上的 9K11 反坦克导弹。由于是通过摇杆操控制导，所以命中率并不高。9K11 反坦克导弹有步兵型、车载型、机载型等多种型号。

9K111“巴松管”反坦克导弹

新一代“巴松管”

虽然9K11导弹在第四次中东战中大显身手，让全世界都对苏联的反坦克导弹留下了深刻印象，但其简陋的制导方式仍有很大改进空间。

20世纪70年代，苏联开始发展第二代反坦克导弹，于1973年推出了第二代9K111“巴松管”反坦克导弹，北约称之为AT-4反坦克导弹。

9K111“巴松管”反坦克导弹的结构和性能与“米兰”导弹很相似，两者都是采用红外自动跟踪方式。9K111“巴松管”导弹的发射装置在一个较简单的折叠式三脚架上，射手一般用卧姿发射。三脚架上有发射筒和光学瞄准镜，整套武器系统全重23.5千克，弹重为12千克，最大射程为2000米，最小射程为70米，破甲厚度为400毫米。经过改进后，破甲厚度达到500毫米以上。20世纪90年代初期出厂的发射装置上还安装了先进的热成像夜间瞄准镜，显著提高了夜间作战能力，可以有效地对付敌人的干扰。

车载型9K111E型

9K111导弹是苏军营一级的反坦克武器，配备在摩托化步兵营的反坦克连，主要供步兵战车和装甲输送车使用，每连编有2至3个导弹班，每班2个发射组。1个发射组内1名士兵携带发射装置，2名助手各带2枚导弹。由于它的射击死角很小，因此，不必另配反坦克火箭筒。

苏军于1975年开始装备9K111导弹，并衍生出了可以搭载于BMP-3装甲车上的9K111E型。

9K111E型与9K111的制导方式不同，前者采用了激光制导，并配备了HEAT弹头，以便更好地对付装甲车辆。以便更好地对付装甲车辆。

9K111 反坦克导弹

种类：反坦克导弹

全长：1263 毫米

弹径：135 毫米

弹重：59.5 千克（弹重 14.6 千克）

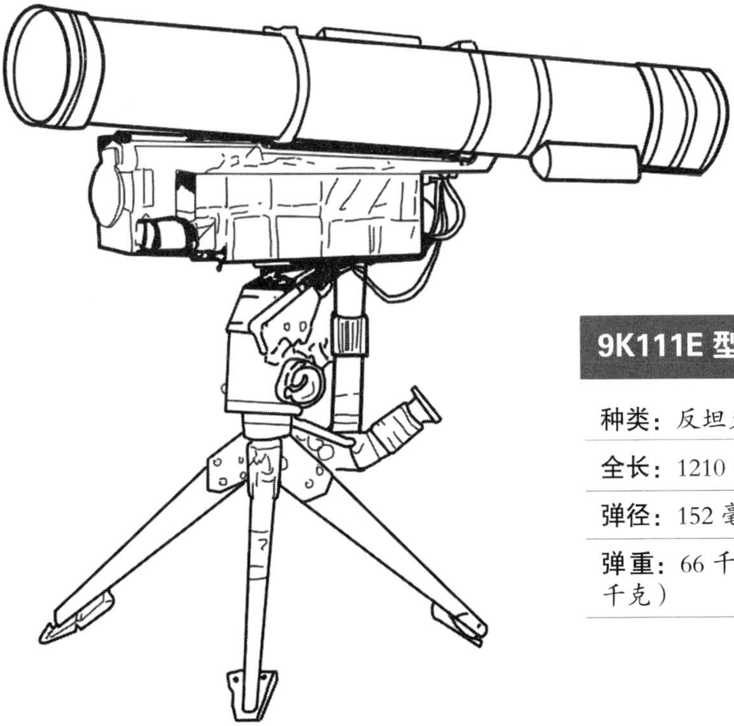

9K111E 型反坦克导弹

种类：反坦克导弹

全长：1210 毫米

弹径：152 毫米

弹重：66 千克（弹重 27 千克）

01 式轻型反坦克导弹

■ 日本新世纪反坦克武器的代表

1993 年，日本川崎重工业株式会社（简称川崎重工）得到了日本军方的合同，成为 01 式反坦克导弹的主承包商，当时的编号是 XATM-5。经过了 8 年的研制，2001 年制式化，以当时的公元纪年命名为 01 式轻型反坦克导弹。

01 式轻型反坦克导弹有日本防卫厅技术研究本部设计，川崎重工负责制造生产，主要配备与日本的步兵部队，用来替换此前装备的卡尔·古斯塔夫 M2 无后坐力炮，成为步兵便携式反坦克武器的中坚。

在日本陆上自卫队中，一般称 01 式轻型反坦克导弹为“轻 MAT”，与被称为“重 MAT”79 式反坦克导弹和“中 MAT”的 87 式反坦克导弹一起，组成陆上自卫队反坦克导弹体系。

自 2002 年开始装备部队以来，它正逐步取代 84 毫米无后坐力炮，成为日本步兵反坦克新宠。01 式轻型反坦克导弹系统采用与美国“标枪”反坦克导弹相似的设计，整个系统分成瞄准系统和导弹发射筒两部分。导弹也是在发射出去之后才会点燃火箭推进器，以此来抑制筒后喷火。同时，01 式轻型反坦克导弹也是日本首次配备了纵列式锥孔装药弹头的导弹。

就整体而言，01 式轻型反坦克导弹的性能已经达到了世界先进水平，即便是为了降低成本在电子零件方面采用了民用规格的产品，但是其价格非常昂贵。

01 式轻型反坦克导弹

种类：反坦克导弹

全长：970 毫米

弹径：140 毫米

弹 重：17.5 千 克（ 导 弹 11.4 千克）

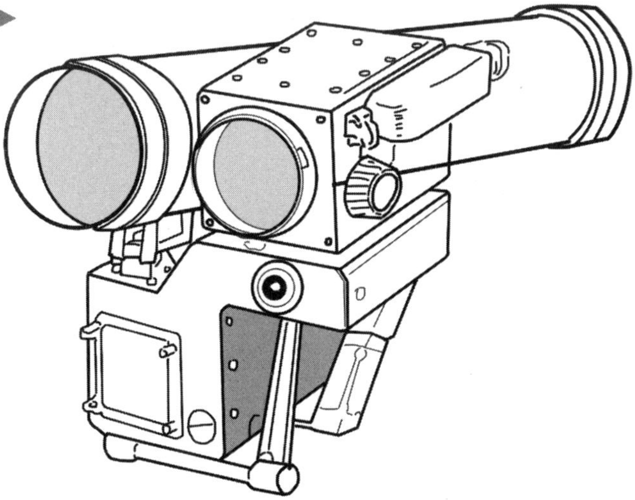

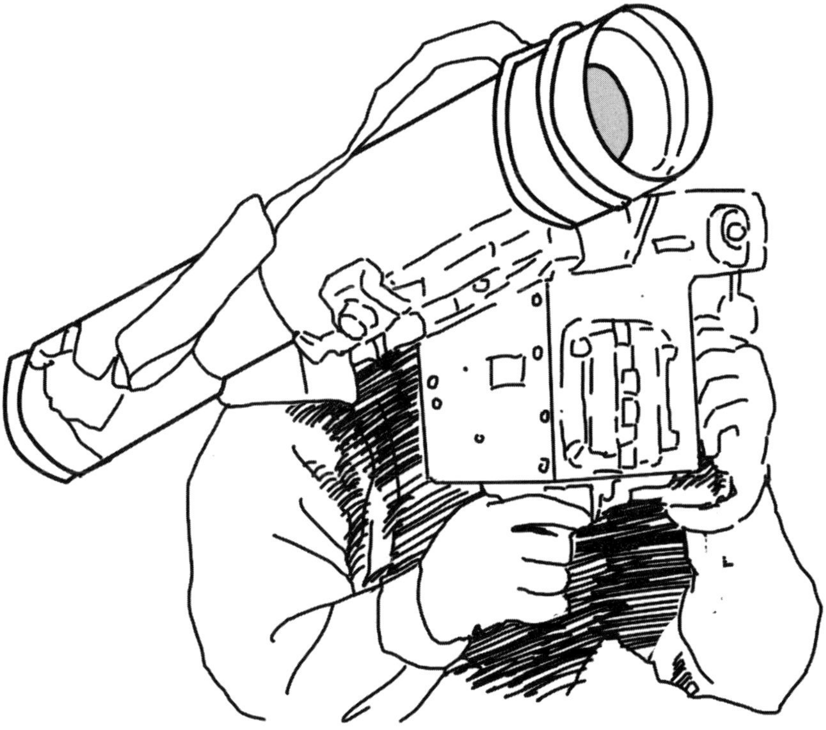

▲ 01 式轻型反坦克导弹的射程至今仍未公开，估计应在 1 千米左右。

“中 MAT”和“重 MAT”

■ 87 式反坦克导弹

与“轻 MAT”一样，被称为“中 MAT”的 87 式反坦克导弹也是由川崎重工研发并生产，被日本自卫队于 1987 年采用为制式反坦克导弹。它的研发初衷是为了改变此前日本自卫队装备的 79 式反坦克导弹过于笨重的局面。话虽如此，但 87 式反坦克导弹同样也不可能靠一个人就能使用。包括配备的 6 枚导弹，87 式反坦克导弹系统的总重量高达 140 千克。

87 式反坦克导弹采用半主动雷达制导，发射装置和瞄准用的激光瞄准器可以分别设置在距离 200 米以内的不同地点。如此一来，射手就能在发射的时候避免被敌人迅速发现。

■ 79 式反坦克导弹

1957 年，日本防卫厅技术研究部与川崎重工合作，以世界上最早装备部队、最早实战使用的反坦克导弹——法国SS-10反坦克导弹为基础，开始研制第一代反坦克导弹，称为 64 式反坦克导弹。随后，日本又研制超出了第二代重型远程反坦克导弹——79 式反坦克导弹。79 式反坦克导弹既可攻击地面坦克装甲车辆，也可在反登陆作战中攻击小型登陆舰艇，起到海岸炮的作用。

79 式反坦克导弹采用目视瞄准，红外自动跟踪、有线传输指令制导方式，弹长为 1565 毫米，弹径为 152 毫米，弹重为 30 千克，系统全重 278 千克，破甲厚度为 500 毫米，最大射程为 4000 米。具有射程远、性能好等优点，其总体表现比原型法国 SS-10 反坦克导弹更胜一筹。

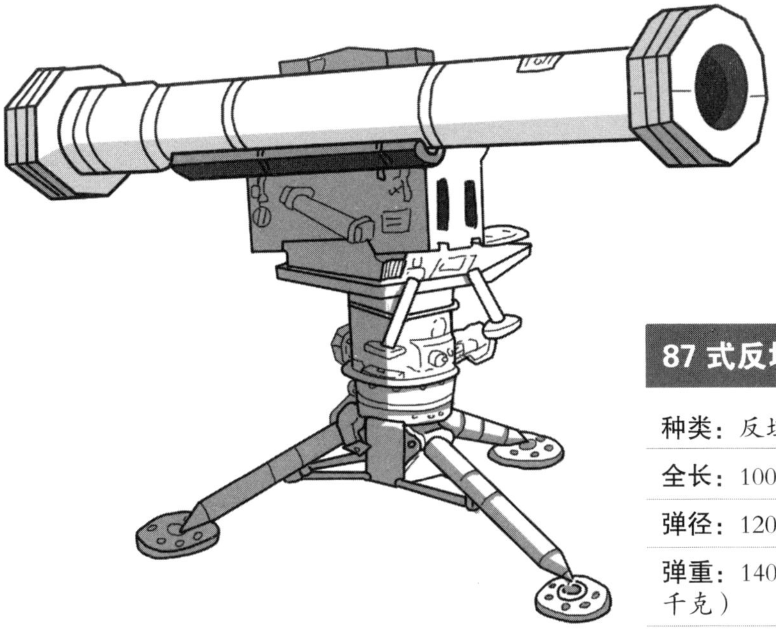

87 式反坦克导弹

种类：反坦克导弹

全长：1000 毫米

弹径：120 毫米

弹重：140 千克（导弹 12 千克）

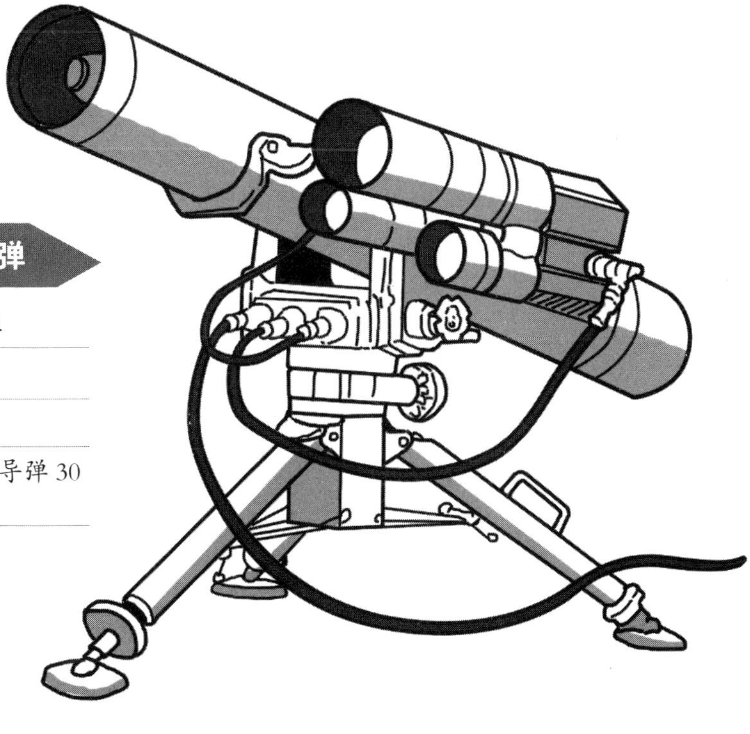

79 式反坦克导弹

种类：反坦克导弹

全长：1700 毫米

弹径：152 毫米

弹重：278 千克（导弹 30 千克）

动能穿甲弹和化学能穿甲弹

两种穿甲弹

如今，主战坦克成为各主要军事强国装甲力量的主力。要攻击防护能力极强的主战坦克，普通的炮弹是不行的，通常会使用穿甲弹。穿甲弹可分为动能穿甲弹和化学能穿甲弹两大类。简单来说，动能穿甲弹就是以高速发射的炮弹，利用高速赋予炮弹的动能贯穿装甲；而化学能穿甲弹则是利用装在弹头中的炸药爆炸能量来贯穿装甲。

现在主战坦克上使用较多的尾翼稳定脱壳穿甲弹是动能穿甲弹的代表。其弹体与脱壳穿甲弹类似，弹芯多由制程复杂的合金或陶瓷制造，拥有极高的硬度，最大差异在翼稳脱壳穿甲弹的弹芯尾部拥有尾翼，其功用在射击后，弹芯在空中飞行的姿态能够与射击抛物线成一直线，接触目标后动能集中在弹芯尖端贯穿目标。

而最常见的化学能穿甲弹是被称为高爆反坦克弹，也称破甲弹的锥孔装药弹，装在弹头内的炸药爆炸后会形成高速的金属喷流，透过极高的压力打穿装甲。

步兵反坦克武器都是化学能穿甲弹

锥孔装药弹问世之后，步兵有了足以对抗坦克的武器。步兵的反坦克武器体积小，并不足以赋予炮弹足够的动能，因此，都属于化学能穿甲弹。

另外，由于炮弹发射出去后会产生旋转，而由此产生的离心力会消耗部分弹头的动能，也会影响锥孔装药的效果。因此，现在的坦克炮通常都会选择无膛线的滑膛炮。

■ 动能穿甲弹与化学穿甲弹各自的特点

● 动能穿甲弹

仅靠炮弹的动能贯穿装甲的炮弹，简称为 AP。它命中时的速度和单位截面积分配的重量越大，动能的集中率就越高，所能贯穿的装甲厚度也就越厚。因此，穿甲弹的长径比在不断增加。早期的尾翼稳定托壳穿甲弹长径比较小，大多为 15 ∶ 1，随着技术的发展，现在的长径比已经为 25 ∶ 1，弹芯的质量增加，动能和存速性也有显著的提高。

● 化学能穿甲弹

利用弹头内所装炸药的爆炸能量击穿装甲的炮弹。破甲弹主要靠把装药制成带锥形孔的空心圆柱体药柱，并在锥形孔药表面加上锥形金属罩，将锥型中空的装药（常见药型还有半球型、喇叭型等）在距离装甲板一定高度的位置起爆，以聚焦的高温高速射流击穿装甲板并对人员和器材进行杀伤，因此也常称为锥型装药、成型装药、中空装药、聚能装药。通过合理设计装药形状和炸高（理论上的理想炸高为直径 5 倍）并加装金属药型罩，现代破甲弹的静破甲深度通常可达药型罩直径的 5 倍以上，破深随药型罩直径增大有所提高，但药型罩直径大于 150 毫米时破深提高不明显。

破甲弹大多采用尾翼稳定，这是因为弹丸的高速旋转将使破甲弹的威力下降。根据飞行速度不同，有的采用适口径（弹体口径与发射器相同）固定尾翼，有的采用张开式超口径尾翼，有前张式和后张式两种。

“锥孔装药弹头”是什么

■ 门罗效应

动能穿甲弹的弹头是合金钢、碳化钨、贫铀等高硬度金属，而化学能穿甲弹的弹头则装填炸药。这种炸药并非是用于普通炸药那样的爆破，而是会形成凹陷的圆锥状，并在内侧盖上一层金属罩。这就是锥孔装药弹头，化学能破甲弹用来贯穿装甲的能量，秘密就来源于这种特殊的形状。

1888 年，美国人门罗在炸药试验中发现，炸药爆炸后，其爆炸产物在高温高压下基本是沿炸药表面的方向往外飞散的。因此，带凹槽的装药在引爆后，在凹槽轴线上会出现一股汇聚的、速度和压强都很高的爆炸产物流，在一定的范围内使炸药爆炸释放出来的化学能集中起来，这就是门罗效应，也叫聚能效应。

■ 用金属流击穿装甲

利用门罗效应，人们在炮弹弹头前部装上一个圆锥形金属罩，锥口朝前，锥尖朝后，金属罩后面装有炸药，前面是空的。当弹头的炸药爆炸时，锥孔部分的爆轰产物飞散时，先向轴线集中，汇聚成一股速度和压力都很高的气流，称为聚能气流。爆轰产物的能量集中在较小的面积上，在钢板上就打出了更深的孔，这就是化学能穿甲弹击穿装甲的原理。

■ 锥孔装药弹头的应用

虽然尾翼稳定脱壳穿甲弹等动能穿甲弹也能击穿装甲，但在许多情况下，使用锥孔装药的化学能穿甲弹也是很有必要的，如步兵使用的反坦克武器。

首先，枪炮等武器会因为距离增加的原因令弹头所蕴含的动能衰减，而锥孔装药弹则不会有这个问题，就算锥孔装药弹头以缓慢的速度命中目标，当弹头内的炸药引爆时产生的威力并不会有什么影响。

其次，坦克炮、加农炮等火炮为了赋予弹头更强的动能，需要承受很强的后坐力，而这是步兵无法承受的。

如果使用锥孔装药弹头的话，步兵就可以通过火箭弹等这类飞行速度比炮弹缓慢的武器发挥相应的威力，用来对付坦克。

※ 主要靠把装药制成带锥形孔的空心圆柱体药柱，并在锥形孔药表面加上锥形金属罩，爆炸时能量会使锥形罩融化凝聚成一股速度极高的高温金属流喷射出去，金属流的速度可以达到 7000 米～8000 米 / 秒，如此高的速度会突破装甲的弹性极限，从而击穿装甲。

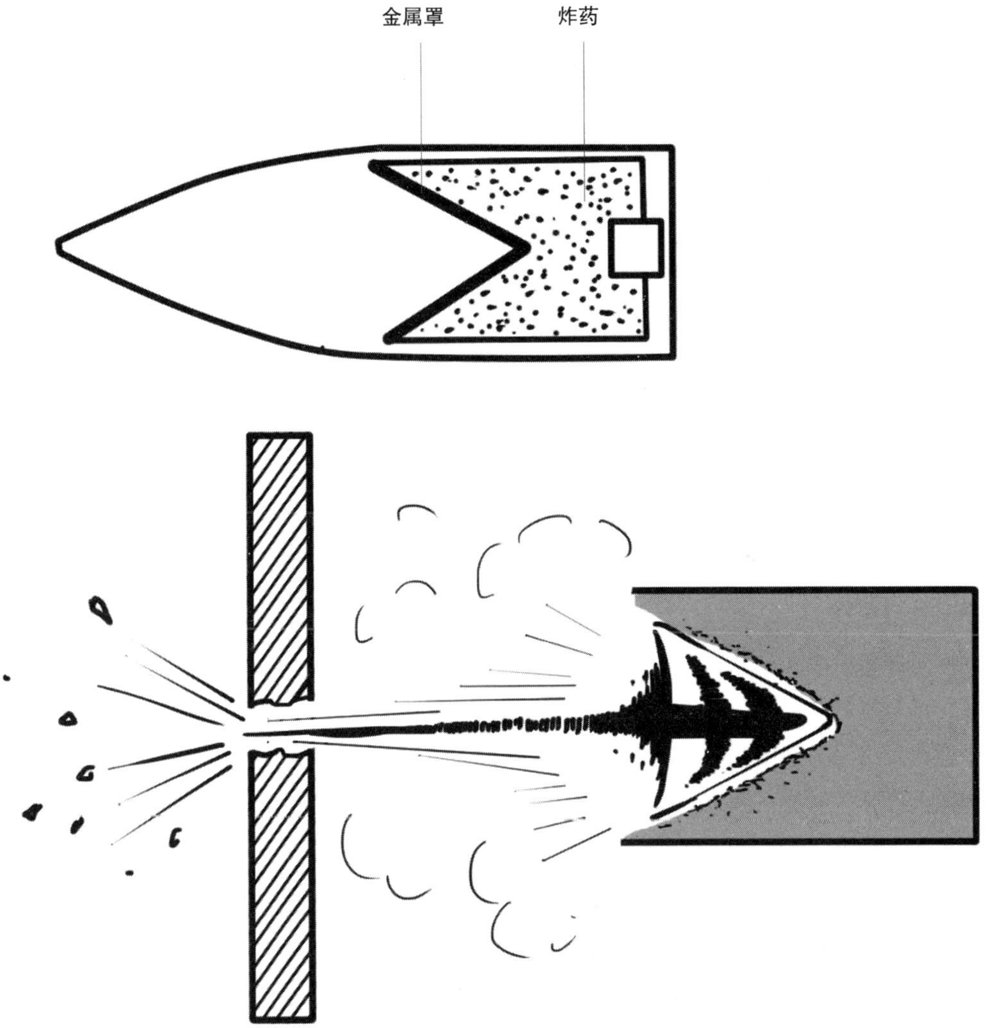

锥孔装药弹头示意图

反坦克导弹的制导方式

■ 有线制导的反坦克导弹

为了控制发射出去的导弹的飞行轨迹，一些导弹会通过金属导线来传输信号，这就是所谓的有线制导。

有线制导系统主要由制导控制装置、光学瞄准镜、操作手柄和控制导线组成。导弹发射后，操作手需用瞄准镜瞄准目标，同时还要跟踪导弹，并从镜内判断出导弹的飞行偏差，用操作手柄产生控制指令不断修正其偏差，导线把控制指令传输给导弹，引导导弹飞向目标。在导弹飞行过程中，传输制导指令信号的导线是悬在空中的，因此受导线强度及其释放速度等因素的约束。

有线制导的优点是设备简单、精度高、抗干扰能力强，缺点是操作难度大，作用距离近。现在先进的有线制导系统将金属导线改为光纤，并增加一部红外测角仪，由它自动跟踪导弹并测出导弹飞行方向与瞄准线的偏角，操作手只需始终用光学瞄准镜的十字线跟踪瞄准目标即可。这种系统不仅操作简单，而且精度高，并增加了射程和抗干扰能力。有线制导一般用于近程反坦克导弹。

■ 无线制导

早期的反坦克导弹在发射之后，射手必须一边观察目标，一边操控导弹，以此对导弹进行制导。由于这种手动制导的方式命中与否完全取决于射手的技术，因此，后来就研发出只要射手持续瞄准、无需操控的追瞄装置，操控信号会自动通过追瞄装置传送到导弹的制导系统上，这种半手动的制导方式与早期反坦克导弹一样，都是通过有线方式操控导弹的。

后来则出现了以激光照射目标，并在导弹前端安装感光装置，通过激光反射光制导的反坦克导弹。这种制导方式的优点在于射手和观瞄手（照射手）可以分开配置，射手发射之后，可以迅速转移，避免在发射导弹后遭到对方打击。

更新一代的反坦克导弹采用了“发射后不管”的新技术，射手在发射之前会以瞄准器对准目标，并照射激光或红外线锁定目标，导弹发射之后会自动跟踪锁定的目标，即使目标移动，导弹也会自动修正飞行路线，以确保命中。

■ 导弹制导方式分类

● **程序制导**

导弹发射后会自动计算命中目标的路线，然后按照程序设定的路线飞向目标。

- 惯性制导
- 地形追踪制导
- GPS 制导

● **指挥制导**

使用遥控器传送信号给导弹，导弹依据指令飞向目标。

- 有线制导
- 乘波制导
- 光纤制导

● **归向制导**

导弹的系统通过发射或反射信号判断和目标之间的距离变化，透过计算之后来自行控制导弹的姿态与运动。

- 被动制导
- 半主动制导
- 主动制导

被称为“坦克杀手”的武装直升机

■ 遥远的畅想

直升机的概念在很早以前就已经出现，最具代表性的是中国古代的玩具竹蜻蜓和意大利人达·芬奇关于垂直起降航空器的画作。第一架接近实用的直升机是由美籍俄国人西科斯基研制的 VS-300，它于 1939 年 9 月 14 日试飞成功。

到 20 世纪 30 年代末期，在法国、德国、美国和苏联陆续有直升机试飞成功，并根据需要，将直升机迅速改进，使其更实用。二战的军事需要，加速了这一进程的发展，促使直升机发展由探索期进入实用期，直升机开始投入生产线生产。战争结束时，德国工厂已生产了 30 多架直升机，美国交付的 R5、R6 直升机已达 400 多架。

开始将直升机用于武器用途，则是在越南战争的时候。由于越南战场上到处都是茂密的丛林，美军开始了用直升机代替运输车辆作为人员运输的主要手段。

■ 坦克的天敌——武装直升机

在越战中，美军为了让大批部队进驻越南，第一次大量投入直升机进行作战任务。美军利用直升机快速起降与起降场地需求小的特性，发展出利用直升机快速移动部队，进行敌后奇袭的空中骑兵战术，在战争期间发挥出相当的效力。

武装直升机是一种非常有效的反坦克和装甲目标的武器。国外进行的模拟对抗试验表明，坦克与直升机对抗的击毁概率为 12 ： 1 到 19 ： 1 之间。也就是说，在一架直升机被击落之前，它能够在战场上摧毁 12 到 19 辆坦克。事实证明，在一些局部战争中，武装直升机在反坦克作战中战果累累。

武装直升机中最具攻击性的应该要算美国的 AH-64 阿帕奇武装直升机。海湾战争中，阿帕奇武装直升机用其实际行动证明，它足以应付当前世界上所有的装甲威胁。也正是在这次战争中，阿帕奇得到了“坦克杀手”的称号。

▼ AH-1S“眼镜蛇”反坦克直升机

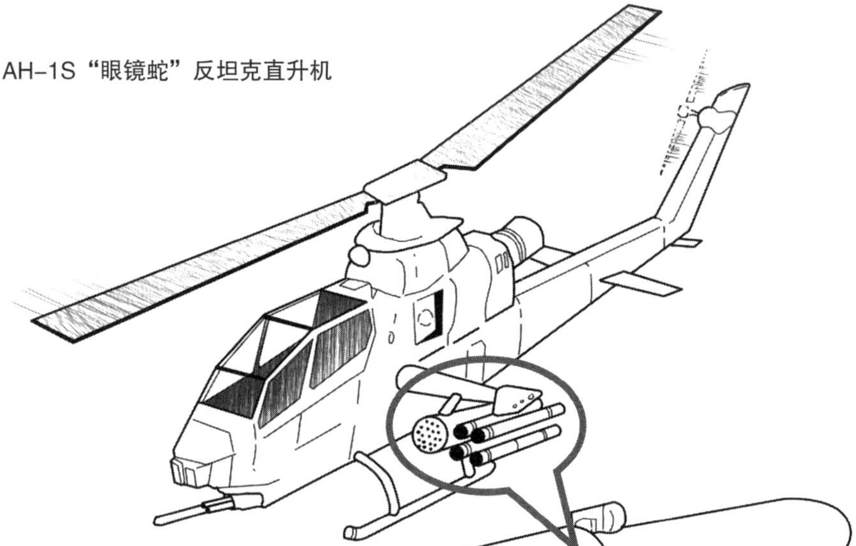

▶“陶”式反坦克导弹

▼ AH-64 阿帕奇直升机

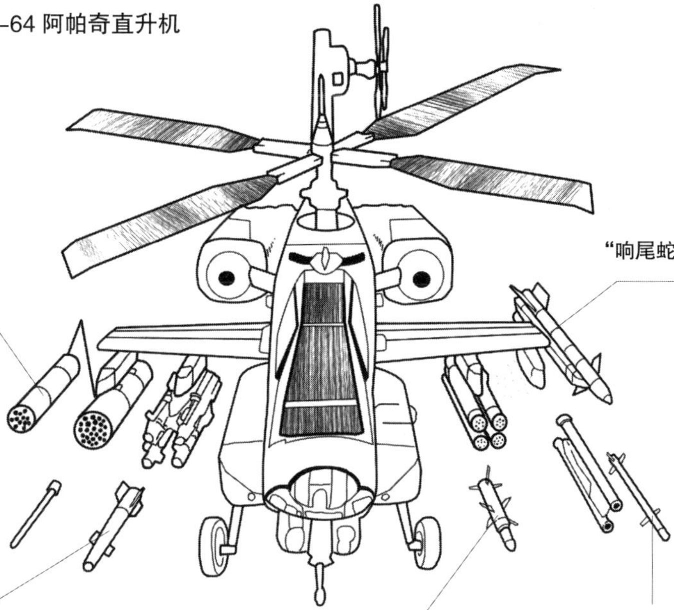

坦克装甲的演变

一战时期的坦克，由于其所需要防御的对象只是机枪和炮弹碎片，因此装甲最厚的部分也只有 12 毫米。不过，到了二战之后，坦克对战变得日益频繁，装甲的防护性能也需要跟得上反坦克武器的发展。

■ 增加装甲厚度

增加装甲厚度这种方法最简单，但是增厚装甲不仅会增加车体重量，影响坦克的机动力，还会增加生产成本、影响量产。如德军“虎”Ⅰ式重型坦克那厚达 100 毫米的沉重装甲，甚至导致坦克在行进中将路面破坏，直接影响到后面部队的行驶。

■ 新的设计

除了增加厚度以外，采用新的设计也能提高装甲的防护能力。如二战中在苏德战场上大显身手的 T–34 坦克，其装甲厚度只有 60 毫米，但采用了倾斜式设计。倾斜设计的装甲能够在实际上增加装甲厚度，同时，具有一定概率将来袭的炮弹弹开。

在 T–34 以后，各国的许多坦克都仿效了这种新的设计理念，在坦克上采用倾斜式装甲布局，大大提升了装甲的防护能力。

■ 新的材料

使用经过热处理或混入特殊材质可以制作出厚度又薄、强度又高的装甲板。将熔化的金属液倒入铸型中从而制造出的铸造装甲是一种避弹设计优良的装甲，多被使用在射击后中弹率高的炮塔及车体前方。至于现代的装甲，则是以钢板加上陶瓷或树脂等材质组成的复合装甲作为主流，这种对穿甲弹和高爆反坦克弹防御效果都很好的装甲，即使重量偏重且造价高昂，仍然成为了第三代主战坦克的“护甲新宠”。

倾斜装甲

垂直布局的装甲很容易被穿甲弹直接贯穿，但如果采用倾斜布局，相当于穿甲弹要击穿厚度更大的装甲。同时，在弹头命中倾斜装甲时，弹头很可能会被弹开。

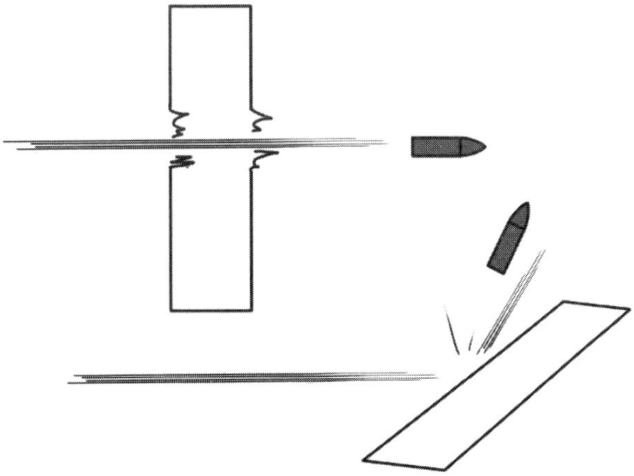

T-34/76 坦克

全长：5.92 米	
全宽：3000 毫米	
全高：2.45 米	
最大速度：53 千米 / 时	
乘员：4 名	
武器：1 门 76 毫米主炮和 2 挺 7.62 毫米机枪	

※ T-34 坦克的车体和炮塔装甲由垂直改为倾斜布局，整体更加平滑，防护能力非常优秀。

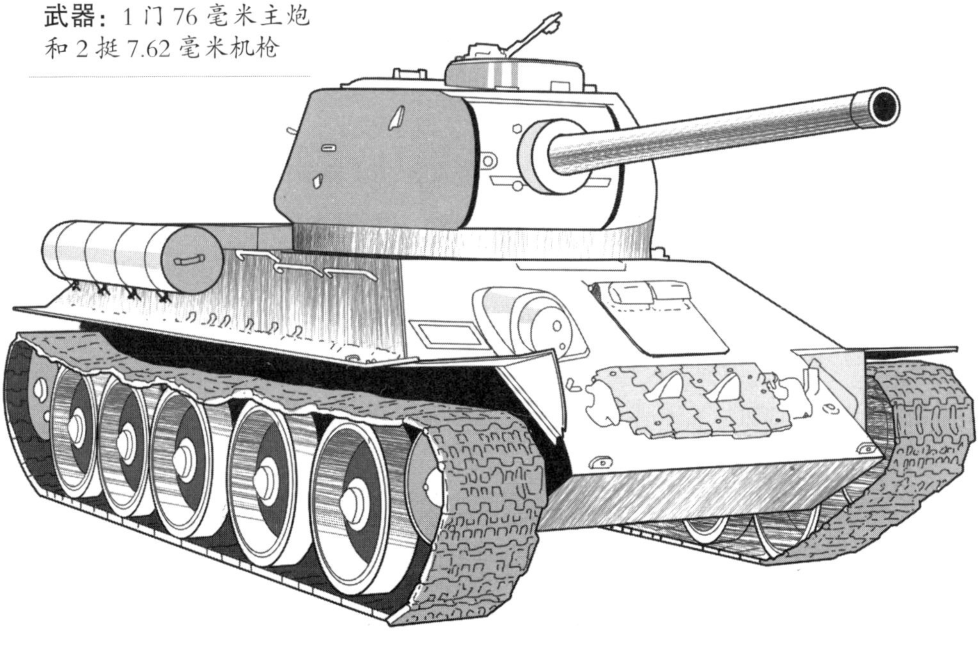

■ 反应装甲

最初的坦克装甲都是在不断加厚装甲厚度的理念下进行技术革新。这种方法的缺点是明显的，坦克总重量越来越重，发动机技术和桥梁、路面的承受能力都接近极限。特别是破甲弹、碎甲弹等炮弹种类的完善和反坦克火箭技术的发展，要求坦克装甲必须寻找其他的强化途径。于是，反应装甲的理念提出了。

最早将反应装甲投入使用的是以色列陆军，由以色列的德籍科学家曼弗雷德·赫尔德所研发的反应装甲，采用了高爆性夹层包覆于钢板之间的形式。将如此制成的装甲块排列在坦克装甲上方固定，作为一种附加装甲使用。

二战后的反坦克炮弹和火箭筒之类的反坦克武器大量采用了锥孔装药技术，当金属流击中反应装甲时，反应装甲会即时爆炸，借由爆炸的反作用能量来反弹来袭的炮弹，进而保护坦克。此类反应装甲被称为爆炸式反应装甲（ERA），但也有一种反应装甲是非爆炸式（NERA）的，此种装甲的设计是两层金属内有一个夹层由橡胶之类制作成一个盒形，当金属流遇到内夹层时它会膨起从而使之失效。

反应装甲在现代的应用十分广泛，但从其作用原理便可知，它对破甲弹的防御效果比较好，但对于穿甲弹则很难起到作用。

■ 中空装甲

钢板之间以一小段距离隔开的装甲，称作中空装甲或空心装甲。这种方式从一次世界大战以来就已在使用，许多二战初期的德制坦克也备有类似防护挡板的中空装甲，使它们内层较薄的装甲能更有效的对付反坦克炮火。

中空装甲的防护方式可用来对抗高爆反坦克弹，这种弹体会制造出一股高度聚集的金属喷射流，对于重点打击装甲时非常有效，但若打中间隙式装甲时则不然。较薄的钢板或甚至铁网，比全面防护型的装甲更轻，因此可附加在坦克炮塔的外缘处或其他装甲车辆上。这种轻装甲会促使弹头过早引爆，使得熔融的金属喷射流提前在主装甲外聚集，因而变得较没有效果。在二战中有许多装甲采用这个方式以保护车辆免于遭受新式的“巴祖卡”“铁拳”和其他高爆弹等武器攻击。

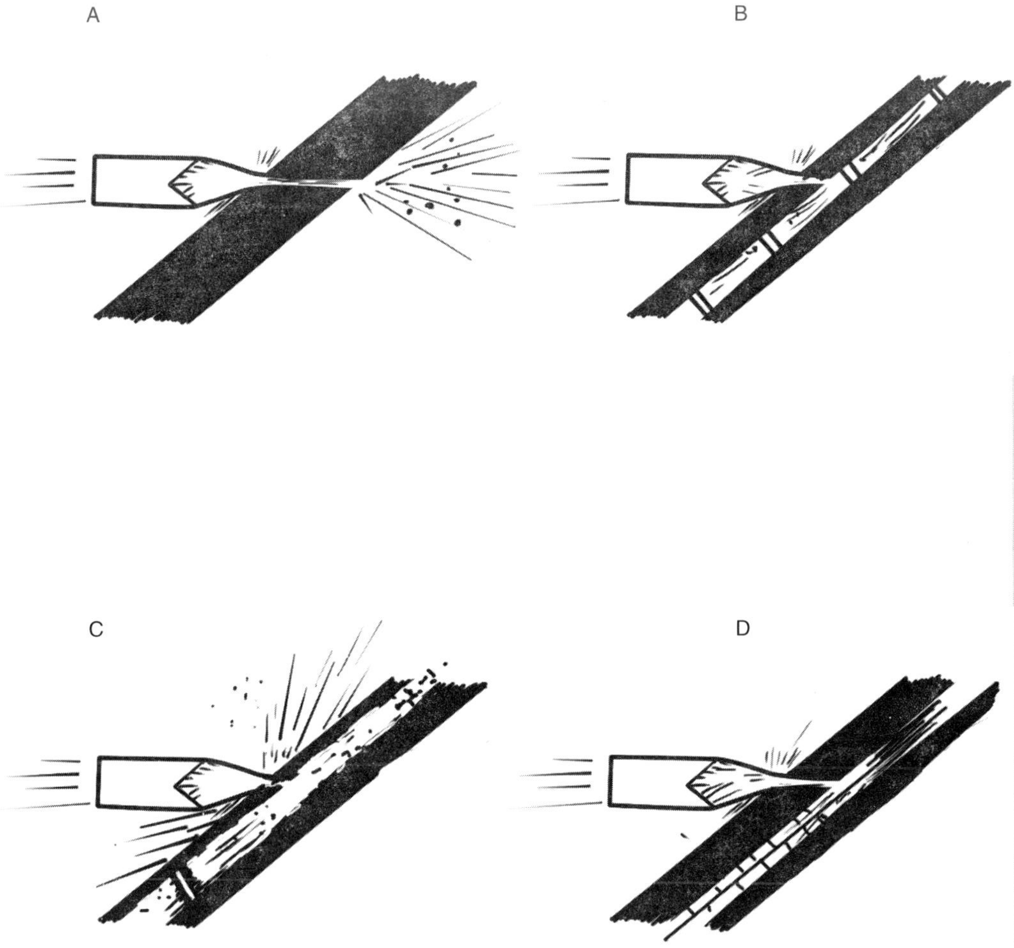

中空装甲与复合装甲

A：即便是倾斜装甲，也会被锥孔装药弹头的金属流击穿。

B：在两层甲板之间预留一定空隙，可以让金属流偏移。

C：在装甲板上加装一层非常坚硬的高密度贫铀装甲。

D：在两层装甲板之间夹入陶瓷板或者强化纤维塑料构成的复合装甲。

最早的反坦克导弹

■ “小红帽”

德国是世界上最早研制出导弹的国家，其中 V–1 和 V–2 导弹被认为是弹道导弹的鼻祖。除此之外，他们还研制出了一种可以说是现代反坦克导弹原型的 X–7“小红帽”导弹。

X–7“小红帽”是世界上第一种反坦克导弹，它是火箭和穿甲弹的结合，还配有制导装置，是最早的反坦克导弹。有线操纵，战后第一代反坦克导弹的设计均以它为基础。由于装备部队时德国已战败，未能参加实战。有一个 2.5 千克的聚能穿甲弹头，用翼端绕线管中的控制导线操纵。

在二战后期的西线战场上，德国国防军和党卫军的装甲力量在质量上仍然占据着绝对优势，强大的“虎”式、“黑豹”和“虎王”坦克足以对付美英军队的任何装甲力量。但在东线，情况就完全不同了，苏联坦克部队在进攻时常派出成百上千辆坦克，以排山倒海的气势压过德军的防线。苏联的 KV–2、JS–1、IS–2 等坦克装甲厚实，抗打击能力很强，而 T–34 坦克数量众多，冲锋速度极快，德军在这种压倒性的优势面前根本无法组织有力的防御和反冲击。德军传统的反坦克武器——“铁拳”火箭筒只能在距敌几十米的距离上发射，这对于射手来说简直就是一次自杀性的任务。为此，鲁尔钢铁公司提出了新型反坦克导弹的方案，X–7 反坦克导弹应运而生。

X–7 反坦克导弹共生产了几百枚，但还未来得及投入战斗，德国就战败了，反坦克导弹没有用武器之地。二战后，反坦克导弹作为一种新型反坦克武器得到迅速发展，成为坦克的天敌。第一代反坦克导弹均以德国的 X–7 导弹为基础。

第二章
榴弹

【手持的大威力爆炸物】

说到单兵携带式的武器，就不能不提“手榴弹”。

它可以单靠 1 颗就毁灭位于狭窄空间内的敌人，或是一口气炸飞冲锋而来的敌军。

不论是在动作电影或战争游戏中，它都会被表现成破坏力很强、非常可靠、使用方便的武器。

不过，手榴弹其实还有很多种类和其他用途，且实际上的威力也会跟电影或游戏中展现出来的效果截然不同。

手榴弹是什么

用来投掷的炸弹

所谓手榴弹，是用金属或非金属制成容器装填炸药与引信等物，以投掷的方式使用的小型爆炸物，通常用作人员杀伤用途。

按用途分，手榴弹可分为杀伤、反坦克、燃烧、发烟、照明、防暴手榴弹以及演习和训练手榴弹，杀伤手榴弹又可分为防御（破片）型和进攻（爆破）型两种。

按抛射方式，又可分为手投、枪发射或布设两用；手投、枪发射和榴弹发射器发射或布设三用；多用等。

现代手榴弹多呈球状或筒状，一部分旧式中国和德国制手榴弹为带棒状柄的圆筒形。手榴弹一般由弹体、引信两部分组成，外附带安全栓或安全盖等安全装置，一旦解除安全装置，引信点火后数秒即爆发。

手榴弹所采用的引信有延迟引信和瞬发引信两种。

延迟引信是一种提前设定好爆炸时间的引信装置，当接触安全装置之后，经过一定的时间才会引爆手榴弹。一般而言，当手榴弹启动引信后，要等 4 至 5 秒才会点火爆炸。在实际使用中，在启动引信后，投掷者会稍等 1 至 2 秒才会掷出手榴弹，这样可以令手榴弹在预定区域的上空爆炸，增强手榴弹的杀伤效果。如果过早投掷的话，手榴弹可能在爆炸之前被敌人捡起丢回来，那可是非常危险的。

瞬发引信是在引信启动瞬间就点火爆炸的引信装置，这种引信通常采用冲击启动的方式。投掷者解除安全装置，将手榴弹掷出后，手榴弹会在落地瞬间由于受到冲击启动引信并爆炸。虽说采用这种引信的手榴弹可以避免在掷出后被敌人丢回来的情况，但如果投掷者本身不小心将手榴弹掉落在地上，同样会引起手榴弹爆炸，造成自己和队友死伤。这种意外事故在战场上屡见不鲜，因此，如今的手榴弹基本都采用了延迟引信。

M24 手榴弹

种类：进攻型手榴弹

全长：356 毫米

弹头直径：60 毫米

重量：595 克

装药：170 克 TNT(三硝基甲苯) 炸药

杀伤半径：10 米

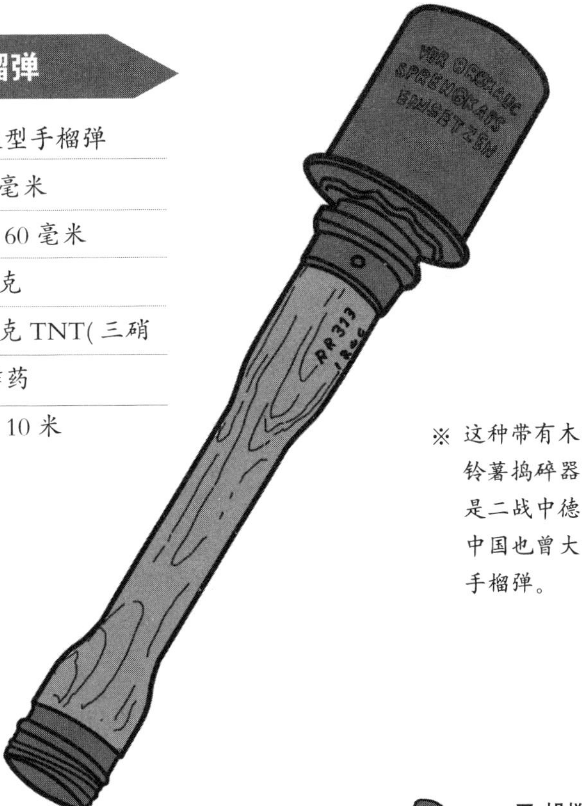

※ 这种带有木柄的手榴弹又称为“马铃薯捣碎器”，与德式钢盔一样，是二战中德军的代表性装备。当时中国也曾大量使用这种装有木柄的手榴弹。

▼ 投掷 M24 手榴弹的德军士兵

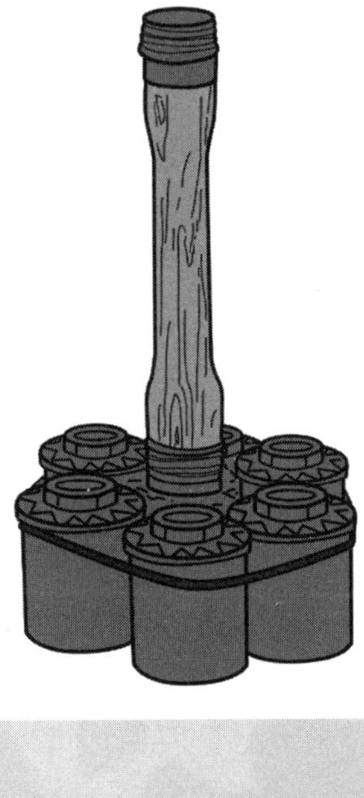

◀ 集束手榴弹

※ 集束手榴弹是将数个拆除了木柄的手榴弹弹头用铁丝一起捆绑在另一个手榴弹上，这样做是为了增强手榴弹爆炸时的威力。

手榴弹的发展史

手榴弹的历史非常悠久

手榴弹最早由拜占庭人发明，在拜占庭帝国利奥三世时代，拜占庭士兵扔掷装有希腊之火、铁蒺藜的陶瓷容器以爆炸攻击敌人。

公元 1000 年，宋朝出现了称为火球或火炮的火器，其原理与现代手榴弹相同，1044 年的兵书《武经总要》中，记载有霹雳火球、蒺藜火球、毒药火球、烟球及引火球等多种可手投弹药。13 世纪初，我国军队中出现了铁壳制造的爆炸武器——震天雷。

1405 年，意大利的一份手抄本上出现了手抛弹药的图样。17 世纪以后，出现铁壳制手抛弹药。此时，欧洲出现了手榴弹，沿用至今。

17 世纪和 18 世纪时期，手榴弹是欧洲军队中普遍使用的武器，并曾出现专业掷弹兵部队。19 世纪时期，枪炮的发展和城堡攻防战的减少使手榴弹一度遭到冷遇。

得到重视的手榴弹

20 世纪初，在 1904 年的日俄战争和后来进行的一战中，堑壕战兴起，交战双方往往会陷入长期作战的胶着态势中。在堑壕中，枪械的威力被大为削弱，此时，人们想起了曾经盛行的手榴弹，并开始广泛使用。

在此之后，各国纷纷研发威力更强、更易使用的手榴弹，如今我们所知道的配有引信的手榴弹，就是在一战中研发出来的。

在现代化步兵中，手榴弹是重要的武器装备之一。

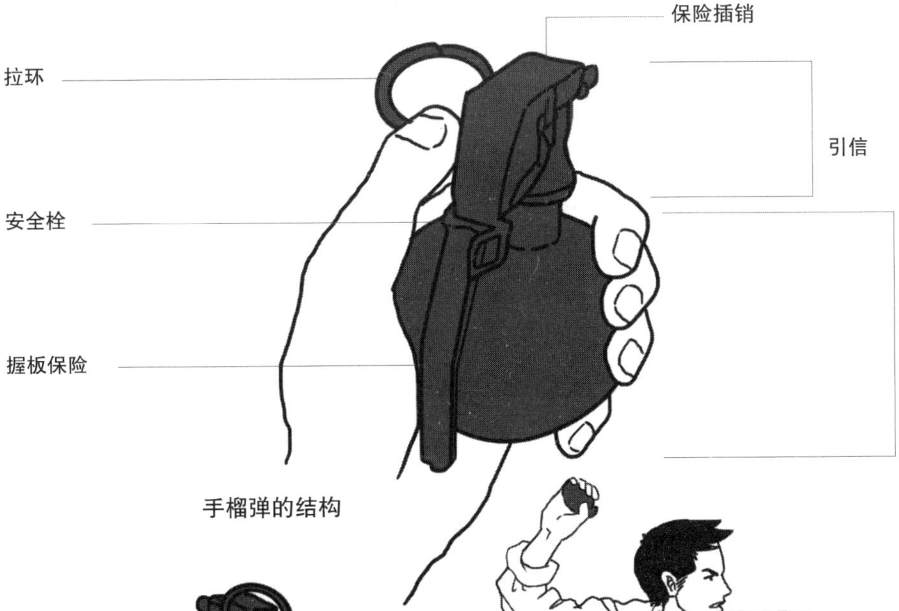

手榴弹的结构

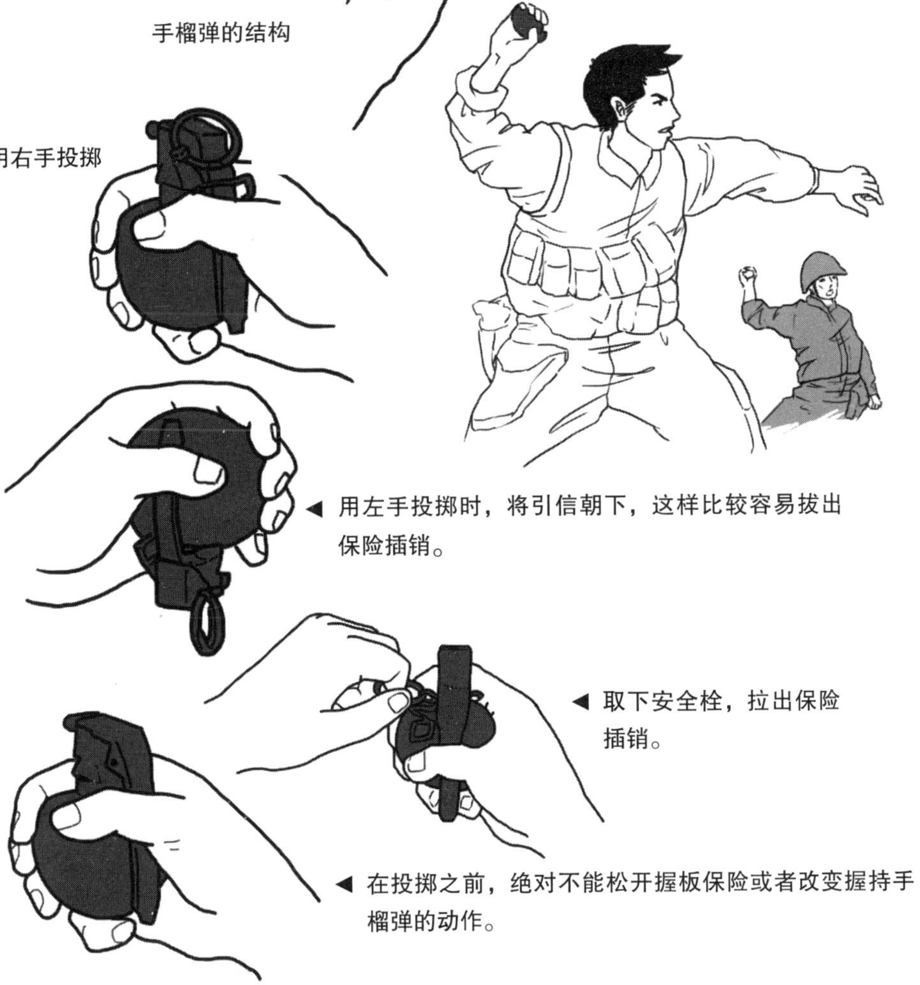

手榴弹的握持方式

闪光手榴弹

用于人质劫持事件的非致命武器

闪光手榴弹又称致盲弹、眩目弹或眩晕弹等，是一种以强光阻碍目标视力功能的一种轻型非致命性武器，属于手榴弹的一种，为战术性的辅助工具之一。

这种武器的目的并非杀伤敌人，而是靠着投掷后燃烧镁或者钾产生令人晕眩的强光，致使被攻击目标于短时间内有短暂性失明，使得目标暂时丧失反抗能力。由于闪光手榴弹于爆炸时不会产生攻击性的伤害破片，故广泛地被特种警察部队用于拯救人质事件等。除了以人为目标外，闪光手榴弹有被用以投掷坦克上光学器材的膜层，致使探测器失去了探测能力。另外，闪光手榴弹也有干扰敌人的战术用途。

1977 年 10 月，汉莎航空的一架编号为 D-ABCE 的波音 737 在途中被劫持至摩加迪沙，5 天后，德国联邦警察第 9 国境守备队（GSG 9）突击营救，首次使用了闪光手榴弹，成功救出了人质，从此，闪光手榴弹受到世界瞩目。

强光与刺耳的声音

闪光手榴弹在爆炸后除了会产生强光外，还会伴随着高达 170 分贝的噪声。此时，闪光手榴弹附近的人员会条件反射地用手遮住头部，并采取弯腰保护腹部的姿势。如此一来，闪光手榴弹赢得的数秒时间就是特种部队突袭的最佳时机。在闪光手榴弹得到广泛使用以后，特种部队发起突袭的成功率有了明显提高。

闪光手榴弹的弹壳是用薄塑料板或者硬纸制成，因此爆炸不会产生破片，但仍会有一定的冲击效果，所以如果距离较近的话也可能会造成人员受伤。

另外，还有一种催泪手榴弹，它的用途和闪光手榴弹相似，但原理不同。催泪手榴弹是一种能够释放催泪毒气、辣椒素等气体的手榴弹，通过迅速刺激人的眼、鼻、喉，令人出现流泪、流涕、咳嗽、呕吐、胸闷、头痛等症状，从而丧失其正常的行为能力。

▲ M25A2 手榴弹

会喷射出非致命的催泪瓦斯，令敌人丧失抵抗能力。

▼ Mk III A2 闪光手榴弹

其外形和烟雾弹十分相似，为了避免用错，黑色弹体的表面涂上了黄色色带以示区分。

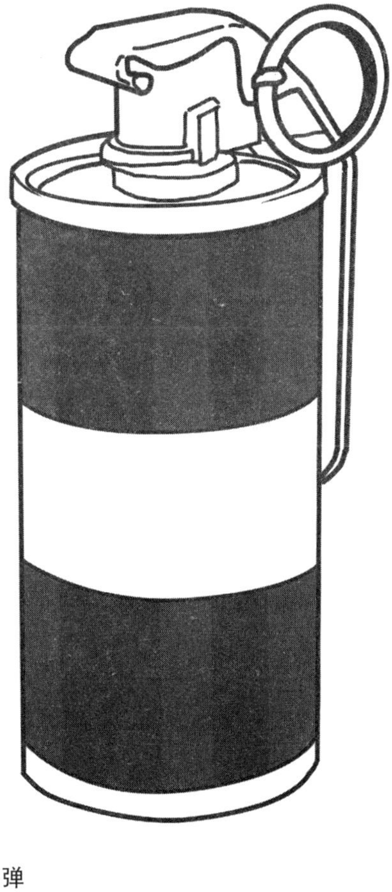

◀ M7A3 手榴弹

也是一种催泪手榴弹，主要用于镇压暴乱。

其他手榴弹

非致命武器和通信手段两大用途

烟雾弹是一种利用金属罐承载的手榴弹，作为地对地发出信号的用途，还可以作为空降地区或攻击目标的信号。另外，烟雾弹更作为掩护、分散敌人注意以及发送信号等的用途。烟雾弹并非一种致命的武器，除非不正确的使用才会造成损伤。烟雾弹内部包含了一个钢铁容器，以及几个专为放射气体所制造的孔眼（位置在烟雾弹的头尾两端）。

另一种烟雾弹是较有爆炸性的，内部成分主要是白磷。这种烟雾弹一旦与空气接触的话，就会立即引爆，还会散发出一种显眼的黄色火花，并且附带着过量的白色气体（白磷），这种爆炸力就等于两个普通燃烧弹（燃烧弹是用来对付敌军的武装车辆，由手提式的榴弹发射器射出）。同时，使用者也必须注意当时的风向，以方便击中目标。

火焰瓶

火焰瓶是在玻璃瓶中装入汽油或煤油等液体可燃物，然后用布条将瓶口塞起来。使用的时候将布条点燃后投掷出去，玻璃瓶因受到冲击而破裂后，飞溅的可燃液体就会令周围的物体燃烧。虽然这种武器非常简陋，但是却能起到意想不到的效果，甚至可以当作燃烧弹对付坦克或者建筑物中的敌人。

火焰瓶最早被投入使用是在西班牙内战中，在二战中也非常常见，即使到了现在，火焰瓶仍然在部分地区被使用。

▲ Mk Ⅰ照明手榴弹

可以照亮半径100米的范围，持续25秒左右。

◀ M18烟雾手榴弹

虽然不具有杀伤力，但可持续放烟90秒。

▲ “莫洛托夫鸡尾酒”

苏芬战争时芬兰士兵使用火焰瓶，用它“回敬”苏联外长莫洛托夫。

如何使用手榴弹制作诡雷

■ 手榴弹陷阱

虽然手榴弹通常都是通过投掷来杀伤敌人的，但有时候也可以利用它爆炸的威力来设置陷阱。下面就介绍几种常见的用手榴弹设置陷阱的方式。

● 使用者拔掉安全插销以后保留握板保险，并保持握板保险不被松开的状态，然后将手榴弹塞进空罐子中制成的诡雷陷阱。空罐固定在树干上，然后用细绳系在手榴弹上并引出来，最好放置于草地或者水中，以免被敌人发现绳索。一旦敌人的脚勾到绳索，手榴弹就会被拉出空罐，并弹开握板保险爆炸。

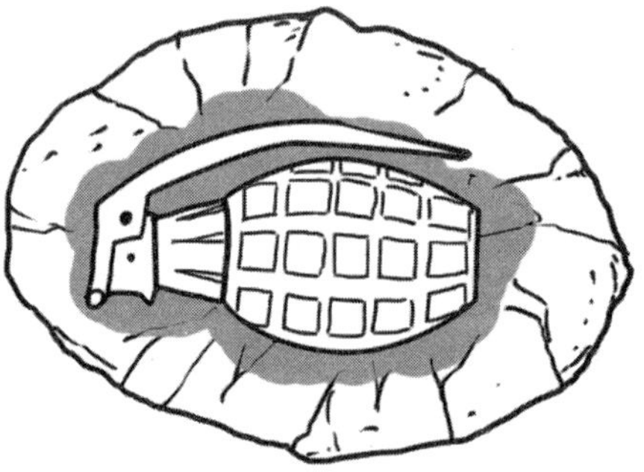

● 把手榴弹藏在泥块中设置的陷阱。这种陷阱是将手榴弹提前放置在泥土中，等到泥土干了以后拔掉安全插销，握板保险会因为泥土凝固的关系无法弹开。将这样的泥土块放置在敌方基地附近或者预计敌军要经过的道路上，一旦泥土块被踢碎或者碾碎，握板保险就会弹开并发生爆炸。如果碰上下雨天，泥土淋湿之后，就算不用外力接触，也一样会发生爆炸。虽然这样可能造成的杀伤有限，但却能从心理上对敌人形成震慑。

● 把手榴弹藏在泥块中设置的陷阱。这种陷阱是将手榴弹提前放置在泥土中，等到泥土干了以后拔掉安全插销，握板保险会因为泥土凝固的关系无法弹开。将这样的泥土块放置在敌方基地附近或者预计敌军要经过的道路上，一旦泥土块被踢碎或者碾碎，握板保险就会弹开并发生爆炸。如果碰上下雨天，泥土淋湿之后，就算不用外力接触，也一样会发生爆炸。虽然这样可能造成的杀伤有限，但却能从心理上对敌人形成震慑。

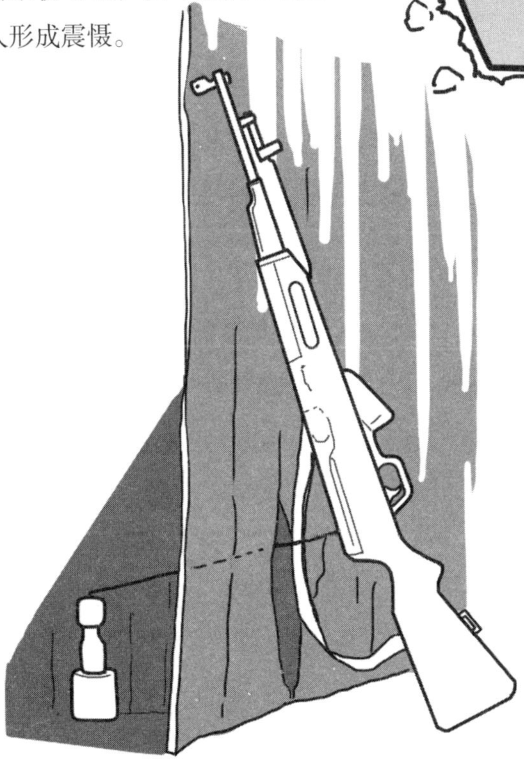

● 另外，有时还会利用敌方士兵或者己方士兵的尸体设置陷阱，在尸体下放置拔出安全插销的手榴弹，一旦尸体被移动，就会引起手榴弹爆炸。

● 除此之外，还有将手榴弹的安全插销拔除后固定握板保险与门把相连的陷阱。有时甚至还会故意让敌人看到手榴弹，当敌人试图排除这个明显的诡雷时，却会触发其他暗中的诡雷。

枪榴弹是什么武器

■ 用步枪发射榴弹

手榴弹在战场上的使用非常广泛，而且也简单易用，但由于它是凭借人的腕力投掷的，因此投掷距离方面有所欠缺。同时，投掷手榴弹需要相当的技巧，无论是投掷的方向、角度、距离，还是投掷时的环境，都会对手榴弹的使用产生很大影响。

为了让手榴弹能飞得更远，人们想了很多办法。如用多条橡皮筋制成弹弓，或者使用类似古代的弩弓、投石器等。后来，考虑到士兵随身都携带着步枪，于是有人提出了是否能使用步枪来发射手榴弹，因此就产生了专门用枪发射的“手榴弹”，也就是枪榴弹。

■ 枪榴弹的类型

早期的枪榴弹使用两种发射方式：一种是装置于一根能插进步枪枪管里的尾管上，另一种是装置于枪口上的一个杯形、筒形或其他特殊形状的接合器。前者必须使用空包弹将弹头跟尾管推射出去。由于这种方式会对枪管造成损害，后来改为使用杯形发射器。同时，由于必须从实弹切换到空包弹进行射击，这种方式不仅准备工作繁琐，也降低了战斗的效率，而且如果误用实弹射击枪榴弹的话会对使用者和步枪造成严重的伤害。

与手榴弹相比，从步枪发射出去的榴弹有以下几个优点：有效射程更远；榴弹本身可以使用更重、更大的弹头，使其可被投射的范围更广；在相同或更远的投射距离下拥有更高的准确度；榴弹本身可以被设为碰触物体后直接引爆，因此，它拥有比延时引爆的手榴弹更强的即时性杀伤力。不过，此类弹头比大部分手榴弹更重、更难携带，同时有更大的后坐力。

► M1 枪榴弹连接器

使用步枪发射手榴弹的装备，发射前拔掉安全插销，发射出去之后，原本固定在连接器上的握板保险就会弹开。

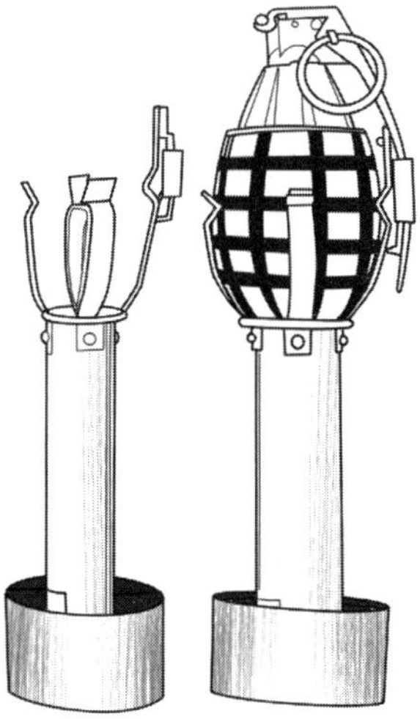

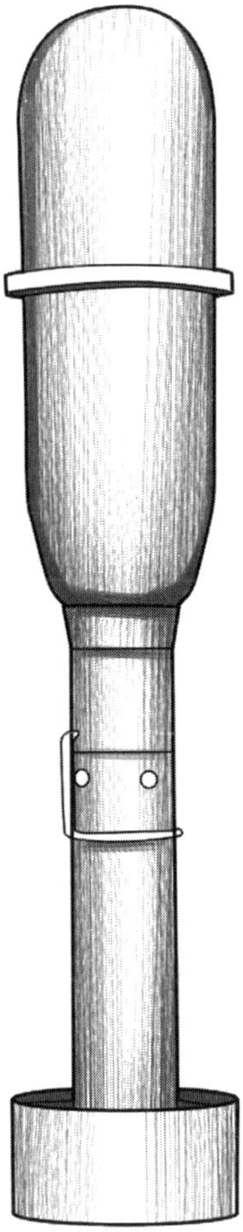

◄ M9A1
反坦克枪榴弹

▲ M1 枪榴弹

装在 M1 步枪上的枪榴弹，发射时将步枪枪托抵住地面，以减轻后坐力。

枪榴弹的优点和缺点

枪榴弹让步兵拥有了更强大的火力，是一种非常有效的武器，但是在使用枪榴弹的同时无法发射子弹，在遇到突发状况时非常不便。因此，专门用来发射榴弹的榴弹发射器就应运而生了，如美军曾使用的 M79 榴弹发射器和现在使用的 M203 枪挂式榴弹发射器。

与拥有独立发射器的榴弹发射器相比，它有以下四个优点：可以使用不同大小的弹头以及有更多的弹头种类可选择；它可以被任何一种步枪投射出去，只要那个步枪装了合适的枪口或枪栓发射器；发射器本身比榴弹发射器的发射装置更轻；训练弹本身可重复使用。

枪榴弹跟榴弹发射器相比，最主要的缺点就在于较低的准确度，也无法在使用榴弹的期间使用步枪子弹攻击。这使得榴弹发射器在日后逐渐取代了它，因为独立的发射装置（通常装在步枪底下）使得战斗人员可快速在子弹与榴弹两种攻击方式之间切换。榴弹可长期放在发射器里被即时性使用；较低的射速也使得发射人员的身体负担较小，这在枪榴弹上是很难见的。

杯形发射器

杯形发射器是二战中德军使用的枪榴弹发射器，安装在德军的 Kar98k 步枪上使用。

乌兹枪榴弹

乌兹枪榴弹是以色列乌兹冲锋枪上使用的枪榴弹。除了这些枪榴弹以外，还有安装在转轮手枪枪口上的枪榴弹，如美国史密斯威森公司生产的 NO.99 特殊枪榴弹发射器，这是该公司为警方研制的武器，可以发射闪光弹或者催泪瓦斯弹。

▲ 杯形发射器

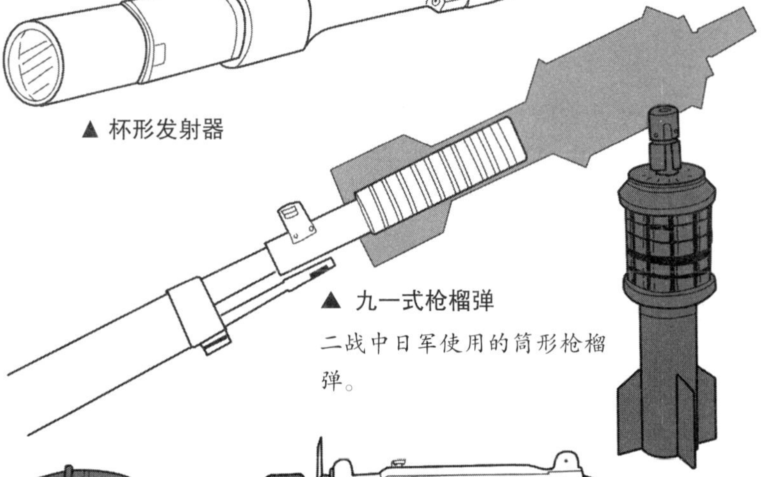

▲ 九一式枪榴弹

二战中日军使用的筒形枪榴弹。

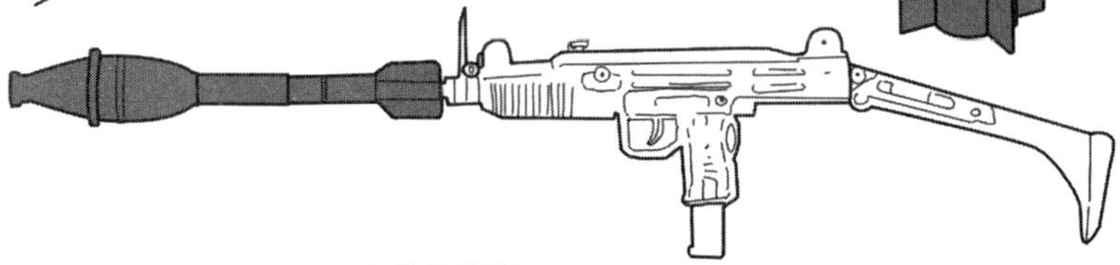

▲ 乌兹枪榴弹

现代的枪榴弹

法国“吕歇尔”枪榴弹

“吕歇尔”枪榴弹是一种可以安装在法军使用的 FAMAS 突击步枪枪口上的枪榴弹。这种枪榴弹可以直接安装在枪口的支撑装置上，无需更换空包弹，用实弹就可以发射，这是因为安装了弹头捕捉器的原因。弹头捕捉器让步枪子弹弹头在榴弹内被直接阻挡，并且利用阻挡后产生的反作用力将榴弹射击出去。

“吕歇尔”枪榴弹并非是 FAMAS 突击步枪专用的，北约各国的同口径突击步枪均可以使用，如美军的 M16 突击步枪和英军的 L85 突击步枪。

日本 06 型枪榴弹

06 型枪榴弹是由日本技术研究与开发本部于 1998 年到 2005 年期间研制而成的，研制费用达 9 亿日元（约合 740 万美元）。据悉，该型枪榴弹是首个采用“分离－飞行”系统的枪榴弹，设计思想和战术性能在步兵轻武器领域达到世界领先水平。

这款枪榴弹可以安装在日本自卫队制式步枪 89 式突击步枪的枪口上，与“吕歇尔”枪榴弹一样可使用实弹发射。

在采用 06 型枪榴弹之前，89 式突击步枪已经在日本自卫队中服役了 20 多年，但一直没有装备能够加挂在步枪下的枪挂式榴弹发射器。虽然日本自卫队曾测试过美军的 M203 榴弹发射器，但最终没有采用。除此之外，日本自卫队还少量采购过法国、比利时、以色列等国的枪榴弹进行试用，但均无法满足日本自卫队的要求，最终才决定自行研制。

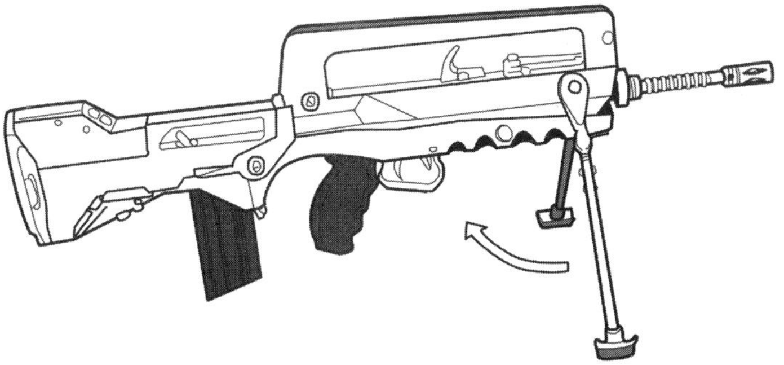

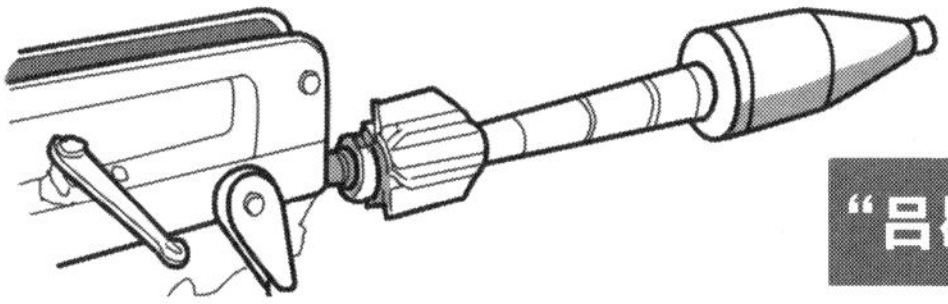

“吕歇尔”枪榴弹

种类： 枪榴弹

全长： 356 毫米

弹径： 40 毫米

重量： 0.4 千克

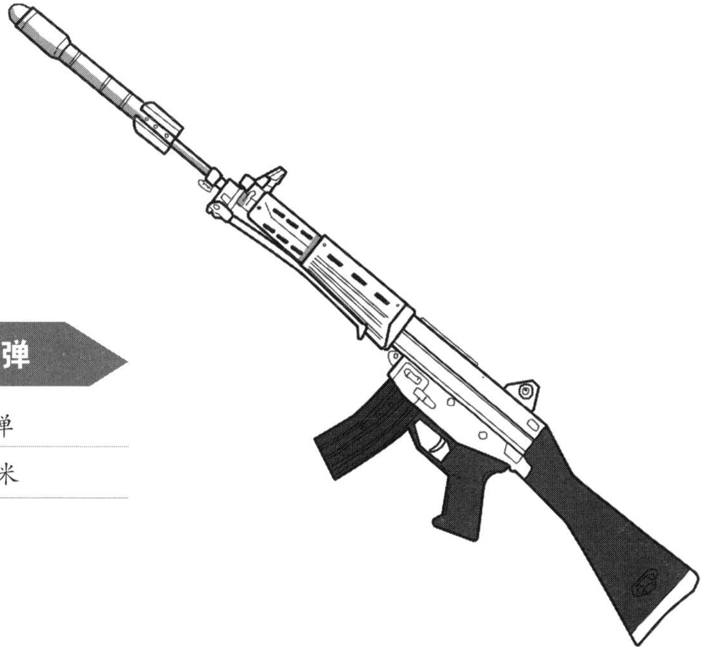

06 型枪榴弹

种类： 枪榴弹

弹径： 40 毫米

M79 榴弹发射器

■ 像枪一样的榴弹发射器

M79 榴弹发射器与一些大口径的截短型霰弹枪在外型上十分相似。它能够发射许多种不同用途的 40 毫米口径的榴弹，包括高爆弹、人员杀伤弹、烟雾弹、鹿弹、镖弹、照明弹和燃烧弹。

M79 是采用单发射击、单发装填的肩射型武器。它有着折开式枪机设计，这表示上膛时需要把枪管后部打开，将 40 毫米口径的榴弹装入后再将枪管折回原处射击。在护木底端有着一个橡皮垫，以吸收一些发射时产生的后坐力。在枪管约一半处顶部有一个阶梯形状的可调瞄准表尺，和枪管尾端的一个叶状的瞄准具搭配使用，在瞄准具中可以有 25 米到 375 米的视野范围。由于是以较低的膛压，使得榴弹初速度较低，射出时会以抛物线飞行。M79 枪管刻划的膛线能和榴弹外围突起密合，使榴弹发射时会产生旋转的效果，有助于维持弹道的稳定性。M79 的有效射程为 350 米，最大射程为 400 米。

M79 由柯尔特公司研制。1961 年，第一把 M79 被送到了越南的美国陆军手上，它们被定位为中距离的支援武器，以填补手榴弹和迫击炮两者攻击距离之间的空隙（后者是 50 米到 300 米），增强了小班制的士兵十分强大的攻击力。由于它的重量轻巧以及紧凑的长度，证明了它在丛林游击战中十分有效。而为了能使武器更方便携带，有些士兵装备了削短的枪托。

在越南战争结束后，M79 本身的成功使得大家对它的继任者的开发迫不及待，因而后来出现了 M203 榴弹发射器，但即使如此，M79 榴弹发射器仍然是美军的制式武器。除了军方之外，美国警方也配备了 M79 榴弹发射器，用来发射催泪瓦斯、闪光弹等非致命武器。

M79 榴弹发射器

种类：	榴弹枪
全长：	737 毫米
弹径：	40 毫米
重量：	2.72 千克

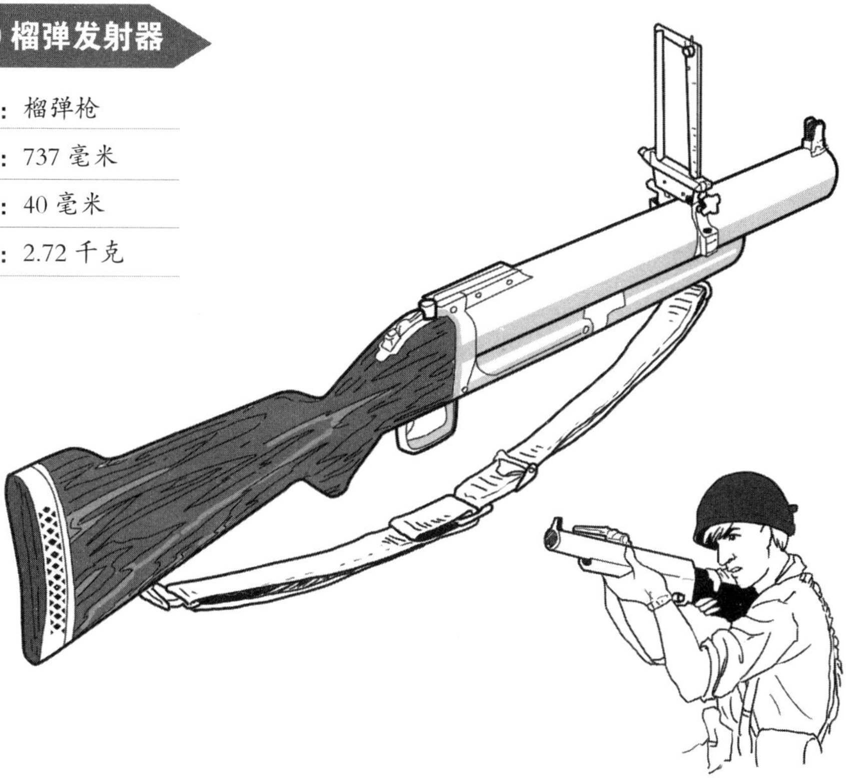

▼ M79 分解图

M79 结构简单，故障率低，这也是它至今仍被采用的原因。

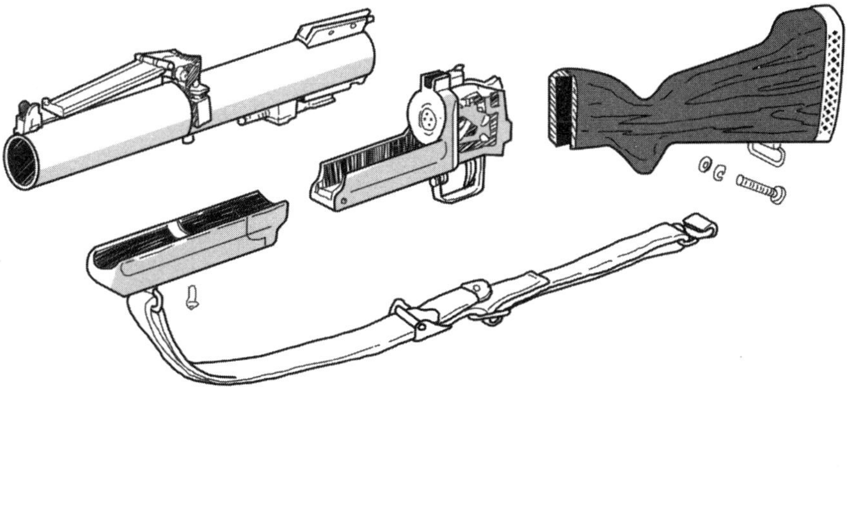

M203 榴弹发射器

■ 可安装在步枪上的榴弹发射器

M203 榴弹发射器是一种可以安装在美军制式步枪 M16 突击步枪或者 M4 卡宾枪枪管下方的单发枪挂式榴弹发射器。

M203 下挂于护木下方，发射器的扳机在步枪弹匣前面，发射时用弹匣充当握把，其主体结构分为装填弹药的滑动枪管及后方的击发结构。附有可分离式的象限测距瞄准具以及立式标尺。

M203 的结构非常简单，就是一根装填榴弹的枪管加上击发机构而已。装填弹药时，先按下枪管锁钮让枪管前进，便可从枪管后方装填弹药，一旦让枪管回复原位，撞针便会进入待发模式，之后瞄准方向且扣下板机，即可发射榴弹。

由于 M203 是额外安装在 M16 突击步枪或者 M4 卡宾枪上的，因此不会影响步枪本身的使用，如果在发射榴弹的时候突然有敌人冒出来，可以立即使用步枪射击，射击时仅仅是手指挪到步枪扳机的位置而已。

M203 榴弹发射器使用的是 40×46 毫米榴弹，种类包括高爆弹、人员杀伤弹、烟雾弹、鹿弹、照明弹、气体弹及训练弹。

M203 榴弹发射器的安装范围并不局限于 M16 突击步枪和 M4 卡宾枪，其衍生型可对应多种步枪，甚至能安装在手枪上或者加装枪托独立使用。如 M203PI 是美国 R/M 设备公司在 1987 年研制的，M203PI 与 M203 在性能上没有差别，这个系统的作用是让 M203 能够方便的挂装到其他步枪上，如 FN FAL、FNC、AUG、HK G3 等已经被世界各国广泛采用的步枪上，而且也可以装上折叠式枪托单独使用。

M203 榴弹发射器

种类：榴弹发射器

全长：380 毫米

弹径：40 毫米

重量：1.36 千克

图为在靶场训练的美国海军陆战队队员，将 M203 榴弹发射器安装在 M16A2 突击步枪上使用。

■ 克服 M79 的缺点

M79 榴弹发射器是一种非常实用的武器，但却无法对付 20 米以内范围的目标。除此之外，射手在使用 M79 榴弹发射器的时候，无法使用步枪或者手枪进行防御，很难应对突发状况。

为了弥补这种缺点，柯尔特公司为美军研制了 XM148 枪挂式榴弹发射器。但由于 XM148 的耐用性和安全性存在问题，仅在小范围试用之后便被淘汰。

为此，美国陆军武器研究部门在 1967 年 7 月宣布了一项名为 GLAD（Grenade Launcher Attachment Development）的研究计划，这是“榴弹发射器附件研究”的缩写，该项目明确要求发展一种新型榴弹发射器，最终的成果就是 M203 榴弹发射器。

M203 榴弹发射器是越南战争后期美军采用的制式武器，用来彻底取代 M79 和 XM148。

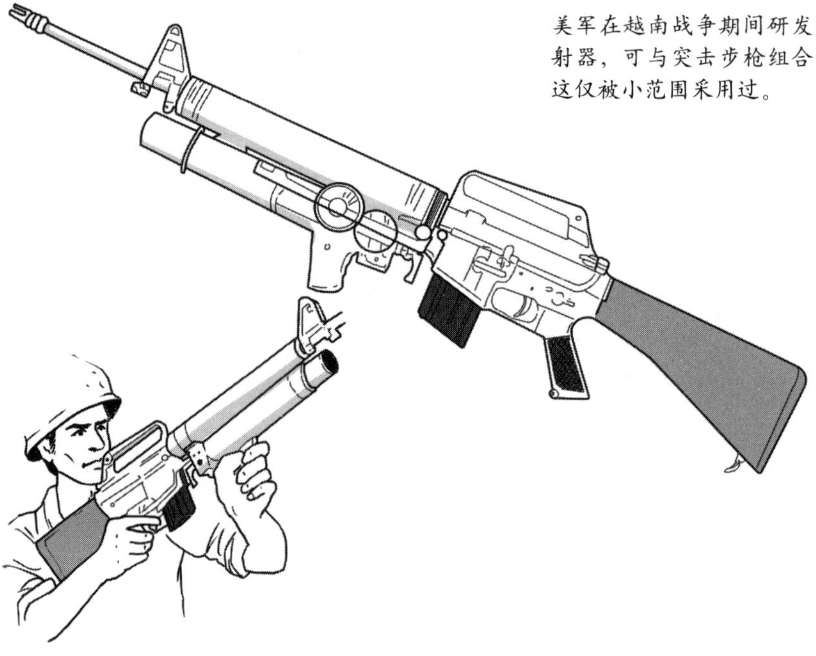

▼ XM148 榴弹发射器

美军在越南战争期间研发的榴弹发射器，可与突击步枪组合使用，但这仅被小范围采用过。

不断更新的 M203

M203 在安装在 M16 突击步枪上时，需要将 M16 原本的护木拆除，更换 M203 专用的护木才可以。这样当然很不方便，因此后来研制出了通过战术导轨安装的 M203A1 和 M203A2，并改进出了 M203 PI 这样可装在不同的步枪上的型号，包括斯太尔 AUG，HK G3 及其他步枪，甚至 HK MP5 冲锋枪。

研制出 M203 的是美国 AII 公司，但后来美军授权给柯尔特公司进行量产，共生产了超过 25 万具以上。

M203 与 M16 突击步枪或 M4 卡宾枪的组合已经有 40 年之久，也是多年以来人们对美国大兵手中的武器留下的印象。现在美军已经采用了更新型的 M320 榴弹发射器，用来取代 M203。

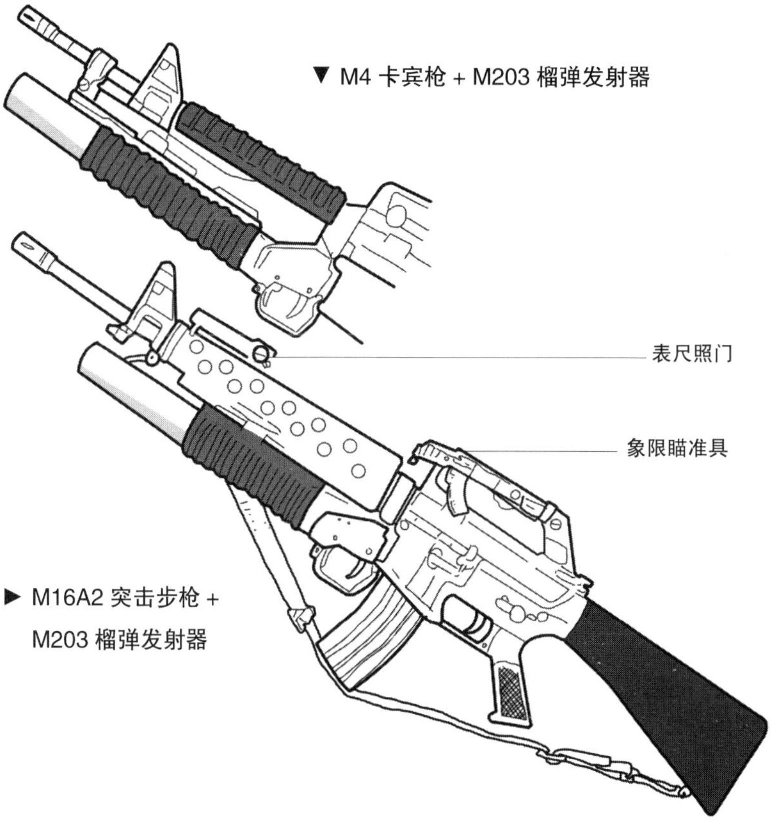

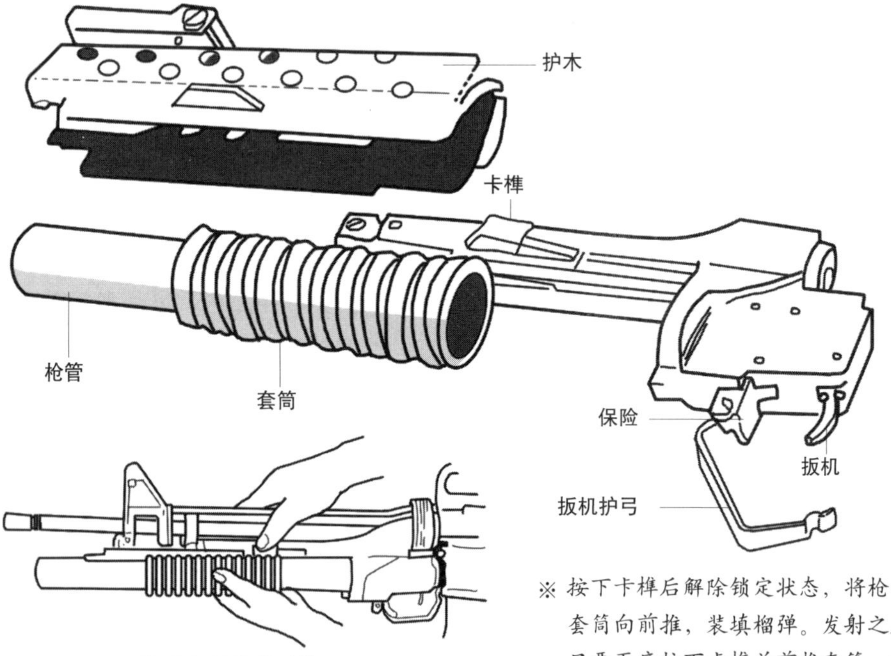

※ 按下卡榫后解除锁定状态，将枪管套筒向前推，装填榴弹。发射之后只要再度按下卡榫并前推套筒，就能推出空弹壳进行下一发装填。

▲ M203 榴弹发射器的结构

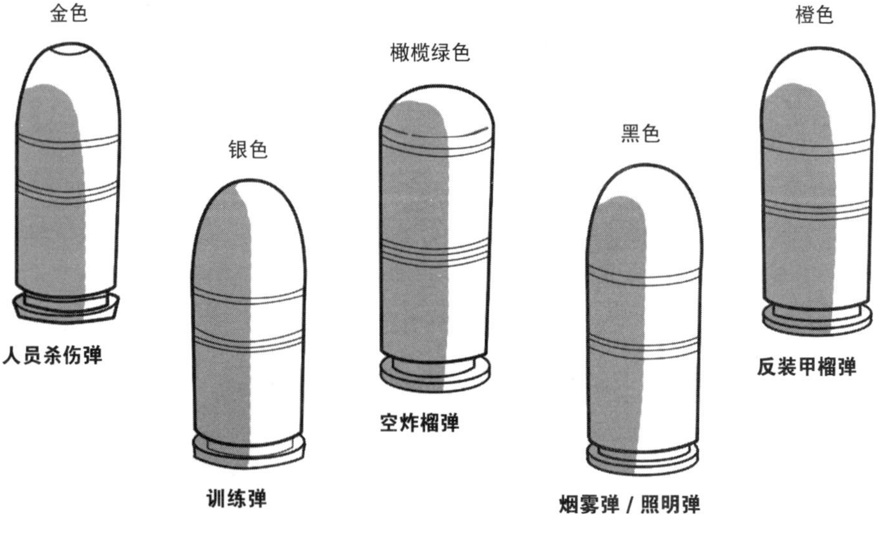

M203 使用的榴弹

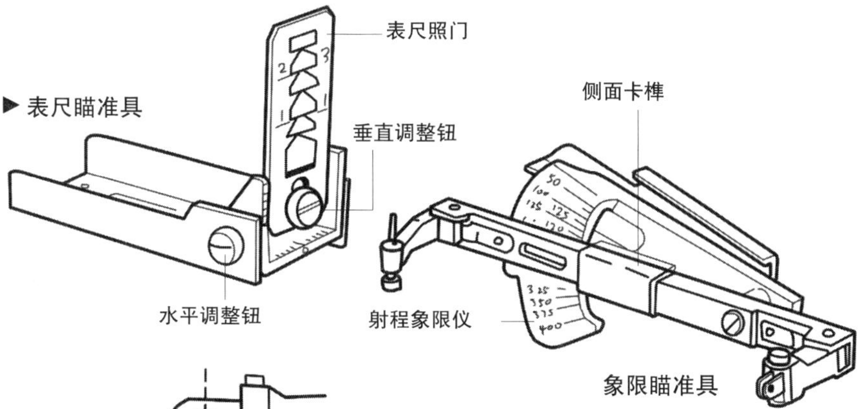

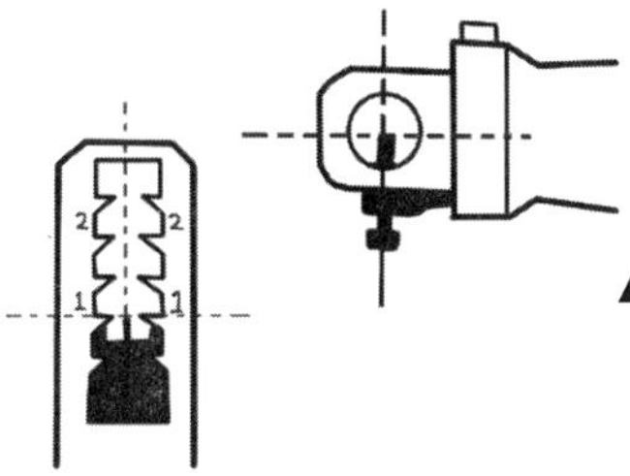

▲ 表尺照门

在实战中使用的瞄准具，又称为战斗瞄准具，有效射程可以设定在 50 ～ 250 米。

▲ M203 的瞄准方式

※ 通过表尺照门进行瞄准，瞄准距离越远，枪支的抬起角度就越高。
发射时握住突击步枪的弹匣当作榴弹发射器的握把，然后扣下扳机击发。
如果目标的距离超出 250 米，就要改用象限瞄准具，实际上几乎用不到。

其他枪挂式榴弹发射器

M320 榴弹发射器

M320 榴弹发射器的设计起源于美军要求以新的单发 40 毫米口径的榴弹发射器替换 M203 榴弹发射器。2006 年，成功中标的 HK 公司提供其设计的 XM320 给美军试验，通过试验后定型为 M320。

M320 和 M203 一样，可安装在 M16 突击步枪、M4 卡宾枪等步枪上，位于枪管底下、弹匣前方，但 M320 拥有整体式握把，无须以弹匣充当握把。M320 的弹膛向左打开，可发射 M203 使用的所有弹药，如高爆弹、人员杀伤弹、烟雾弹、照明弹及训练弹，甚至新型的长尺寸弹药及非致命弹药（这两者 M79 也能发射，但 M203 无法发射），而且装填更加容易。

Mk13 EGLM 榴弹发射器

Mk13 EGLM 是为 FN SCAR 突击步枪配套研制的 40 毫米口径的多用途榴弹发射器，也称为 FN 40GL。

Mk13 EGLM 榴弹发射器的发射管向前推出后可再向左或向右偏转，以便装填较长的弹药。为了能在不同型号的 SCAR 上使用，Mk13 EGLM 有两种扳机，便于分别在 SCAR-L 或 SCAR-H 上使用。Mk13 EGLM 采用双动扳机，上膛后携带也很安全，而且随时能发射。

此外，Mk13 EGLM 还可以装上带有皮卡汀尼导轨的握把和枪托，作为单独的榴弹发射器使用。Mk13 EGLM 使用的多是低速榴弹，但预定将来可使用中速榴弹，配上火控系统后，有效射程可提高到 600 米。

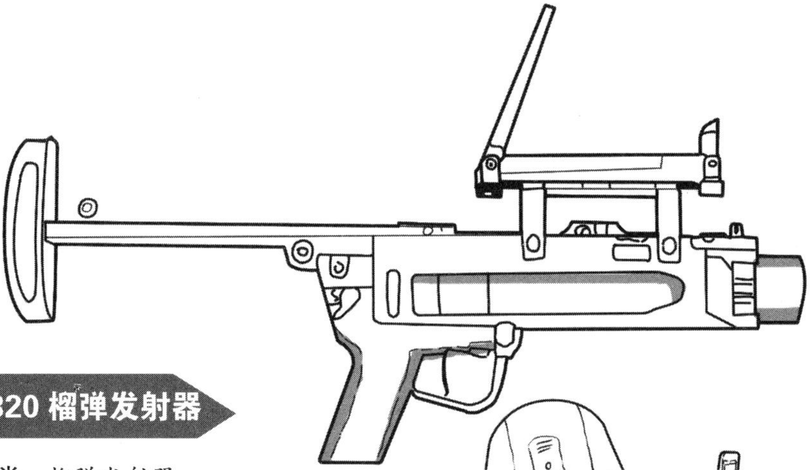

M320 榴弹发射器

种类：榴弹发射器

全长：350 毫米

口径：40 毫米

重量：1.5 千克

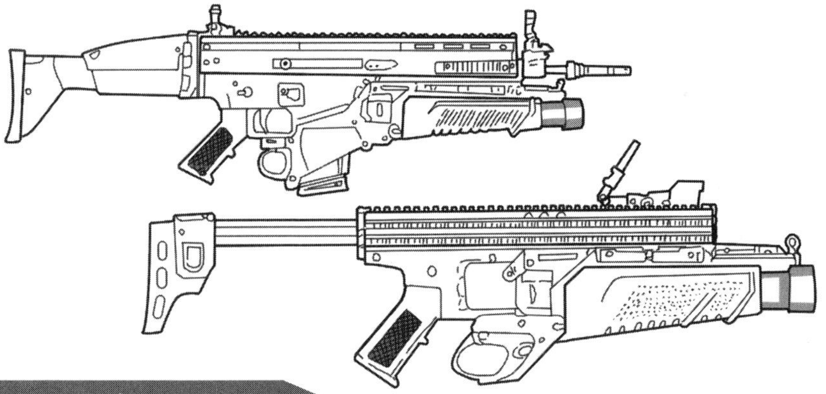

Mk13 EGLM 榴弹发射器

种类：榴弹发射器　口径：40 毫米

全长：670 毫米　　重量：2.7 千克

榴弹发射器是枪的配件吗

■ 扩充枪械功能的配件

现代军用突击步枪已经不再仅仅局限于步枪这种单一功能，而是可以通过 RIS 导轨或者皮卡汀尼战术导轨加装各种配件。像战术手电筒、瞄准镜、红外线瞄准器等，虽然它们并不能改变突击步枪的作为武器的根本性质，但也扩充了枪械的功能，令使用更加便捷。

举例来说，美军使用的 M4 卡宾枪移除了提把之后，可以在提把的位置加装红点瞄准器或红外线瞄准器等辅助瞄准装备，在射击的时候只要留意目标是否进入红点瞄准器中或者是否被红外线光线照射到就可射击。

枪挂式榴弹发射器正如其名，是附加在突击步枪枪管下方的榴弹发射器。如前文中介绍的 M203、M320、Mk13 EGLM 等榴弹发射器均属于枪挂式榴弹发射器。

不仅是榴弹发射器，霰弹枪也有可加挂在突击步枪枪管下的类型。如从雷明顿 M870 霰弹枪改造而来的枪挂式霰弹枪，能够发射重弹头，用来破坏门锁，被称为“万能钥匙”。

除了这些能够显著提高突击步枪攻击力的配件外，还有像前握把这样的辅助性配件，可以帮助使用者更好地握持稳定性。

虽然枪的配件种类很多，但如果安装太多配件，整支枪就会变得过于繁复和笨重。另外，许多精密配件（如瞄准具，其价格可能比枪支本身还贵）需要仔细使用，粗暴的使用方法会损坏配件。

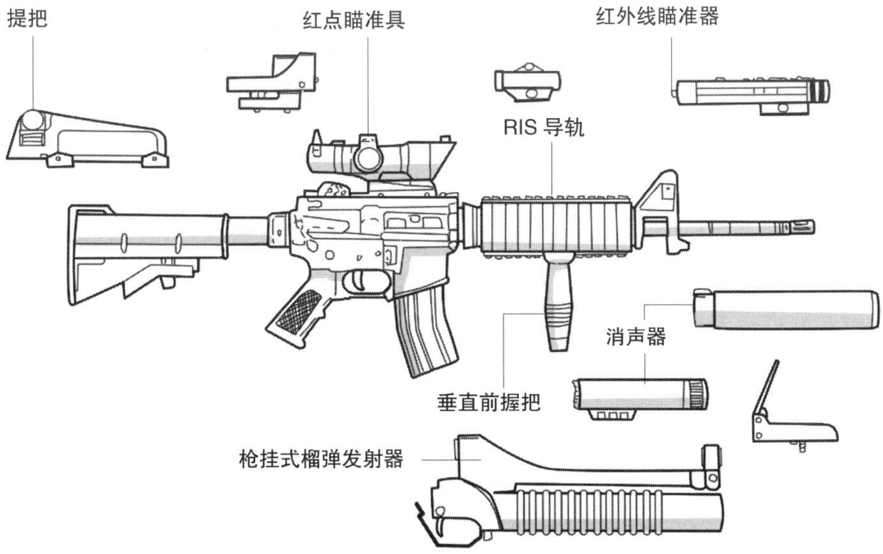

▲ M4A1 卡宾枪的配件

正使用 M4A1 卡宾枪的美国海军陆战队士兵，他们的枪上装有快速瞄准系统和榴弹发射器等配件。

什么是自动榴弹发射器

■ 像机枪一样连续发射榴弹

自动榴弹发射器，又称榴弹机枪，其造型和原理都和重机枪相同，只不过所发射的弹药换成了榴弹而已。

榴弹的口径要比子弹大很多，采用全自动射击的话对枪管和枪机等结构都会造成很大的负担，因此，需要使用低后坐力弹药，这种弹药与无后坐力炮所使用的弹药相似，通过弹体内部的“高低压原理”减轻发射的后坐力。

另外，机枪、步枪等使用的弹药比较小，可以大量携带，而榴弹则不行，若是要携带大量弹药以保证连续射击的能力，一般都会用三脚架将榴弹发射器固定在车辆或者舟艇上。

全自动榴弹发射器所用的榴弹口径多为 40 毫米，不过，这与单发流弹发射器所使用的 40 毫米口径的榴弹不一样，并不能互换使用。全自动榴弹发射器所使用的 40 毫米口径的榴弹，不仅射速快，而且是能够对付车辆和人员等目标的多用途弹，以弹链进行供弹，一般使用 30 至 50 发的弹链进行装填。

转轮榴弹发射器也可以进行连续射击，它与左轮手枪比较相似，装有一个旋转式弹巢，与全自动榴弹发射器相比，重量要轻很多，主要配备在警察或者维持治安的部队中。

■ 自动榴弹发射器的代表

自动榴弹发射器这种武器最早被投入使用的是美国的 Mk19 榴弹发射器。世界上许多国家也都研发采用了类似 Mk19 的自动榴弹发射器，如日本的 96 式自动掷弹枪、我国的 87 式自动榴弹发射器等。

Mk19 自动榴弹发射器

全长：1095 毫米

枪管长：596 毫米

口径：40 毫米

重量：35.3 千克

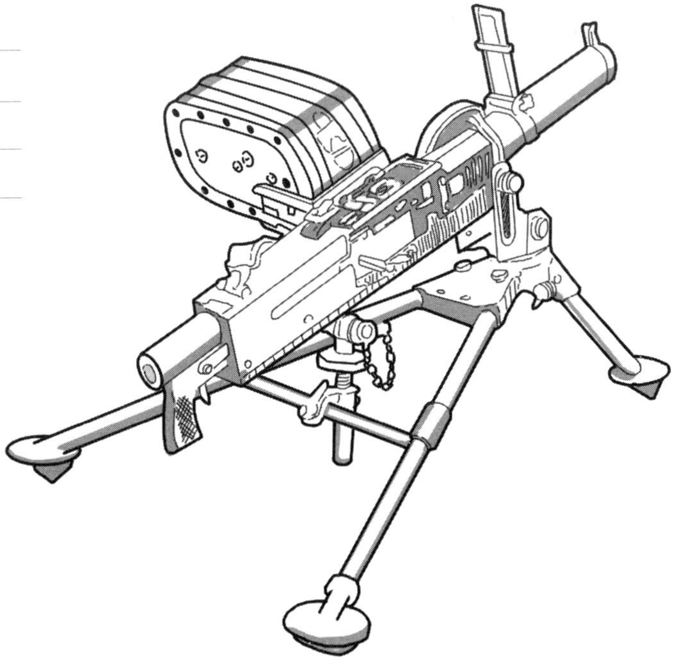

96 式自动掷弹枪

全长：975 毫米

枪管长：454 毫米

口径：40 毫米

重量：24.5 千克

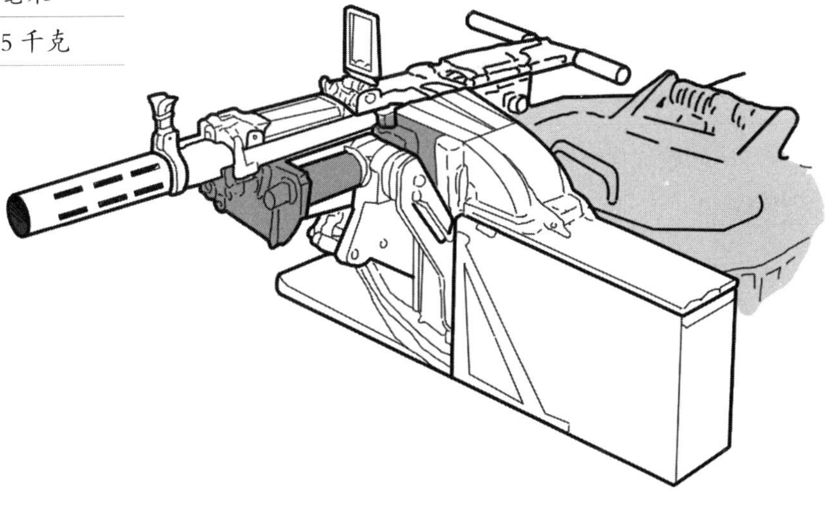

转轮式榴弹发射器

用转轮连续发射榴弹的武器

转轮式榴弹发射器与转轮手枪的原理类似，是使用旋转的弹仓装填榴弹，通过转轮的转动依次发射每个弹巢中的榴弹。与 Mk19 这样的自动榴弹发射器相比，转轮式榴弹发射器能够装填的榴弹数量比较少，但比较轻便，不像 Mk19 那样需要专门的弹链来放置榴弹。

这种武器的原型可以追溯到二战之前的曼维尔枪。它有一个利用弹簧旋转的弹仓，里面可以装填 18 发 38 毫米口径的榴弹。曼维尔枪操作起来相当不便，重新装填也很浪费时间，因此并未得到普及。

波兰当时也研制过一种能够装填 15 发 26 毫米口径的榴弹的转轮式榴弹发射器，并且专门为之研发了多种榴弹，不过，最后并没有大量生产。

现代转轮式榴弹发射器

现代的转轮式榴弹发射器并不像曼维尔枪那么夸张，单只可装填的榴弹数量多为 5 至 6 发，可以看作是一把放大版的转轮手枪。不过，由于发射榴弹产生的后坐力要比手枪弹大得多，因此，一般会附上枪托以便于使用。

南非米尔科姆公司研制的 Mk 1S 转轮式榴弹发射器是同类武器中的代表，可以装填 6 发 40 毫米口径的榴弹。这种武器被许多国家所仿制，美军也从米尔科姆公司订购了一些。美军版的与原型变化不大，只是将枪托换成了伸缩式，并在枪管部分加装了战术导轨。

Mk 1S 转轮式榴弹发射器不仅可发射人员杀伤弹、反装甲榴弹，也可以发射非致命性榴弹。

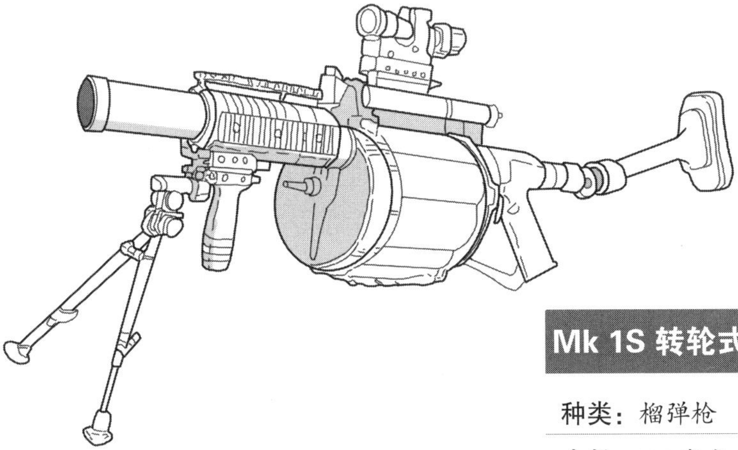

Mk 1S 转轮式榴弹发射器

种类：榴弹枪

全长：812 毫米（枪托展开）/ 711 毫米（枪托收起）

枪管长：290 毫米

口径：40 毫米

重量：6.9 千克

■ 专门作为非致命武器

转轮式榴弹发射器与转轮手枪的原理类似，使用旋转的弹仓装填由英国皇家兵工厂生产的 ARWEN 37 是一种专门设计的使用非致命性弹药的榴弹发射器，主要用于镇压暴乱、解救人质。

虽然对大多数地区的警方来说，霰弹枪是他们镇压暴乱的主要武器，但使用最广泛的霰弹枪的口径只有 18 毫米，无法满足部分特殊情况的需要。

ARWEN 37 枪体本身并没有弹仓，弹仓的功能需要靠专门研制的弹药来实现。它的弹药同时具有弹仓和膛室的功能，通过齿轮咬合的方式卡在枪体上，内装 5 发榴弹。

ARWEN 37 的外形比较大，携带不方便，装有 5 发榴弹的弹药也比普通的榴弹更难携带，因此，就发展出了一种省略掉弹仓的单发式 ARWEN ACE 榴弹发射器。

ARWEN 37

种类： 榴弹枪

全长： 795 毫米

枪管长： 310 毫米

口径： 37 毫米

重量： 3.1 千克

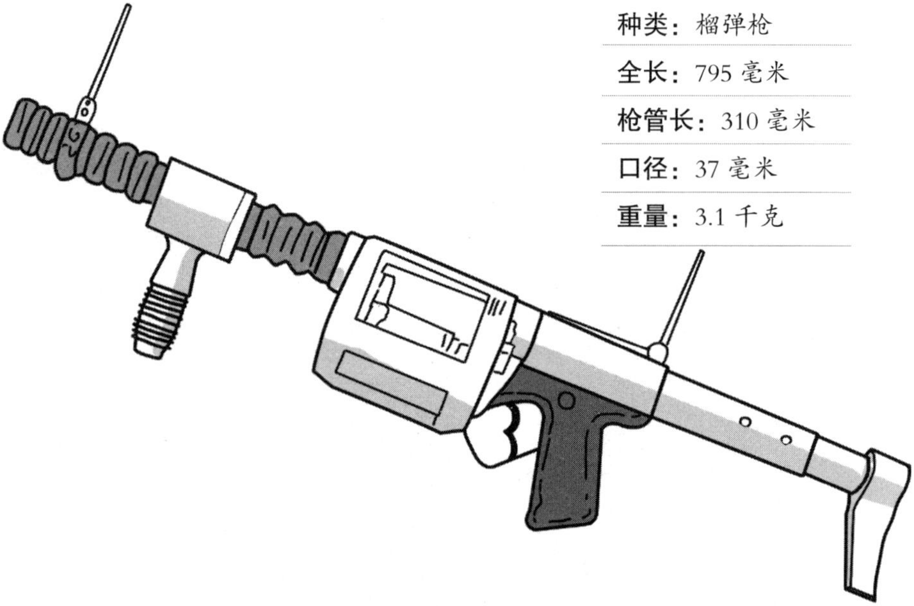

第三章

地雷与炸药

【性价比高的隐藏式武器】

对敌人布下凶狠的陷阱……

在战斗机当中，还有什么事情比这更痛快呢？

看到强大的敌人误触陷阱，这种快感就如彩票中奖一样……

但是在布置陷阱时不能只靠脑袋，要掌握真正的武器才行。

而只有炸药的威力，才称得上是能够打倒敌人的强大武器。

此章除了针对“地雷”与“炸药”进行解说之外，也会带领各位探究爆炸的原理。

地雷是怎样的武器

■ 地雷的历史和应用

地雷是一种放置或埋在地下的爆裂物，经常被用来杀伤经过的敌方人员或车辆，是一种被动式的陆战军事武器。虽然严格意义上来说，地雷是由工兵部署的武器，但在实战应用中，也可由单兵用来设置陷阱。

人类最早使用地雷这种被动性杀伤武器的记录，可追溯到中国的南宋，金军攻打陕州时，宋军使用埋设于地面的“火药炮”（即铁壳地雷），给金军以重大杀伤而取胜。明朝时期，地雷曾被大量使用。

日俄战争中，俄国研制了一种针对步兵的地雷，这是最早的制式化生产的地雷，在实战中取得了一定效果。

一战中，坦克被推到了战场上。受坦克威胁最大的德国人在 1918 年将炮弹改装成反坦克地雷，随后又研制了两种制式化的反坦克地雷，用于对付英、法军的坦克，获得了一定的战果。到二战时，反坦克地雷得到了广泛应用。据统计，在当时被毁伤的坦克中，有 20% 是反坦克地雷的战果。

1938 年，德国人还发明了一种针对步兵的跳雷。这种地雷由绊线引发，目标触雷后，雷体跳起在距地面 0.5 米的空中爆炸，它的杀伤威力比在地表或地下爆炸的同等地雷要大很多。

■ 地雷的种类

地雷按种类可分为杀伤人员的反步兵地雷（人员杀伤雷）和破坏车辆的反坦克地雷。反步兵地雷通常由人员的脚造成的压力引爆，但也有以线索引爆的诡雷。反坦克雷通常可以被磁力引爆，最先进的反坦克雷还能感应辨认敌我。有些地雷同时会被倾侧或按压所引爆，以增加对方扫雷的难度。地雷的设计尽量减少使用金属，以避过金属探测器的发现。

大多数地雷都是由工兵埋设于地底布设的，但也有一些可以利用直升机或者炮弹进行散布式布设的地雷。通常这种散布式地雷多是兼具反步兵和反坦克多种用途的地雷，体积并不大，地雷密度较大，在阻碍敌方人员进攻方面有着明显的效果。

PFM-1 人员杀伤雷

长度： 61 毫米

宽度： 120 毫米

厚度： 20 毫米

※ 下图为俄罗斯的一种散布式地雷，形状看起来很像是有着蝴蝶翼的螺丝，和一般地雷的外形差异很大。当承受到超过 5 千克的压力时，其内部的液体炸药就会被引爆。

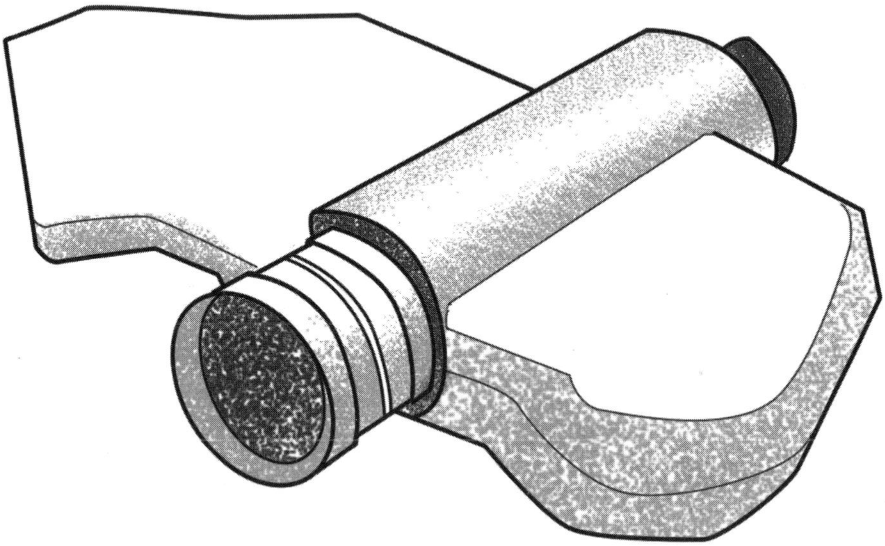

PFM-1 人员杀伤雷

反步兵地雷

■ 威力虽小，效果显著

反步兵地雷又称防步兵地雷或人员杀伤地雷，是指设计成在人员出现、接近或接触时爆炸而使一名以上人员丧失能力、受伤或死亡的地雷。设计成在车辆而不是人员出现、接近或接触时引爆，并且装有防排装置的地雷，不视为杀伤人员地雷。根据不完全统计，目前全世界有将近 500 种地雷，其中光是反步兵地雷就有将近 400 种。

反步兵地雷主要埋设在地下使用，一旦敌兵踩到引信就会引爆，通过爆炸的冲击波和破片达到杀伤效果。还有一种是跳雷，人员踩踏后地雷会弹起，于空中引爆，造成大面积杀伤。

现在的反步兵地雷设计大都十分轻巧，尺寸仅有手掌大小，里面所装的炸药量也并不多，威力不足以造成人员立即死亡。但是，它却可以炸断人的手或脚，进而丧失战斗能力。这种不断给敌方部队造成重伤带来的负担远远大于直接致死。

■ 埋设地雷后的隐患

地雷是一种滥杀型武器，无论是谁，只要引发就会受到伤害。在地球上，平均每个月有 800 人死于地雷，估计有 1 亿颗反步兵地雷仍被埋在 70 多个国家的地下，另有 1 亿颗库存，按目前排雷的态势，如果不再新埋地雷，需要 330 亿美元才能使地球摆脱地雷。

1997 年 9 月 18 日，联合国在奥斯陆签订了《关于禁止使用、储存、生产和转让杀伤人员地雷及销毁此种地雷的公约》，大部分国家已经加入。

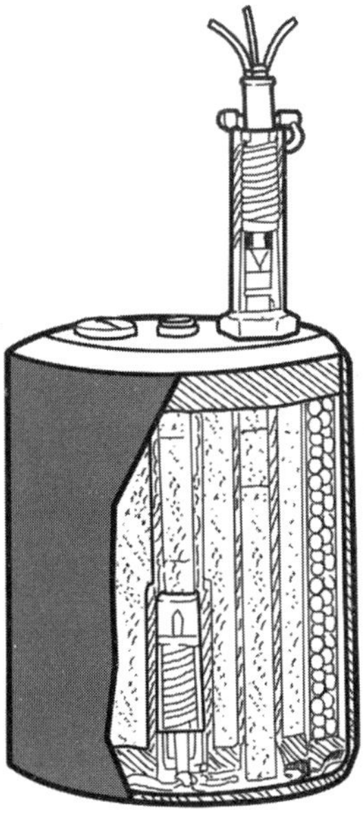

▲二战中德国的 S 地雷

※二战期间由德国研制，地雷伸出的棒子末端有触角，触角被触动之后，地雷会弹起到半空，在离地 1 ～ 2 米的空中爆炸。二战后，世界上许多国家都研制了类似的地雷，除了用于杀伤敌方人员，有一些被制成信号弹，用于夜间告知敌袭，还有一些内置毒气弹等化学武器。

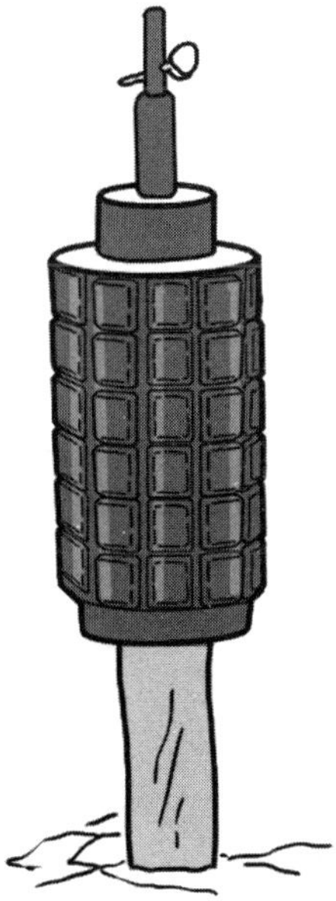

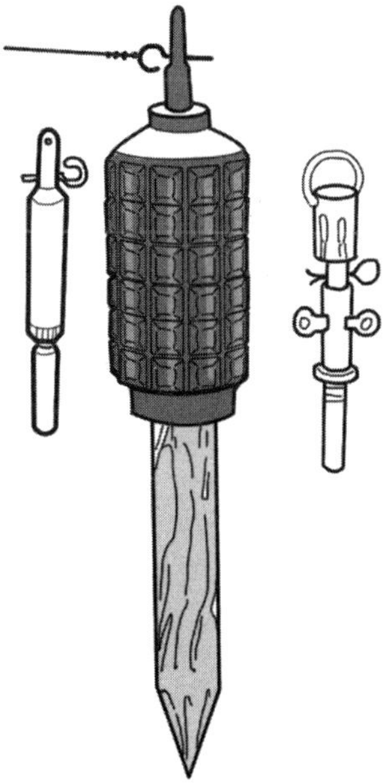

苏联的 POMZ2 地雷

※ 这是苏联曾使用的反步兵地雷，可以插入地面，并在上方设置绊索，连接安全插销。一旦有人触动绊索，就会引爆地雷。

■ 无法探测和无法排除的地雷

作战时，想要军队顺利行进，必须要找出敌方预先布设的地雷。这时候，通常会利用金属探测器对地面进行探测，如果地下有金属物质，就会引起金属探测器警报。当然，若是地下埋有弹片或者金属罐等物品，探测器同样会警报。因此，要判断是否是地雷，还需要挖掘出来才能确认。

为了避免被探测到，地雷的材质也在不断进步。二战中，就已经出现了装在木盒中的地雷，或者选择用玻璃、陶瓷等材质制作地雷。

由于近年来塑料工艺的进步，如今的许多地雷都主要以塑料制成，里面甚至不会用到金属零件（仅有用于引爆的弹簧等少部分零件为金属材质）。

除此之外，还有内部装有磁性感应装置的地雷，一旦感应到探测器就会立即爆炸，或者是高敏感的感应装置，就算被探测到，只要稍微触动就会爆炸。

为了对付埋在地下的地雷，还会选择利用油气弹对其进行引爆，油气弹爆炸的瞬间会对地面施加一定的压力，使地雷爆炸。然而，有一些地雷的结构十分特殊，油气弹根本无法将其引爆。这些地雷的感应装置不会受到瞬间爆炸压力的影响，只有感应到人员踩踏那样慢慢施加上来的压力才会被触发。

※ 这是为了不被地雷探测器探测到的设计，是二战中苏联率先投入使用的，后来德军和意大利军队也有仿制。当时的地雷探测器很难探测到这种地雷。

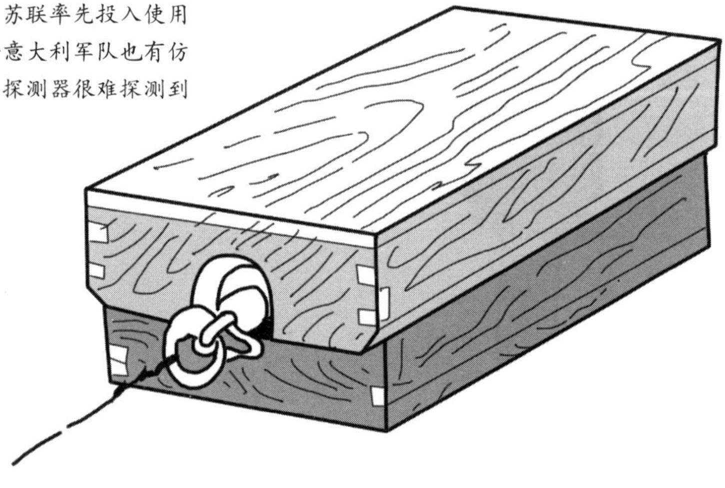

装在木盒子里的地雷

▶ M16A1 地雷

在看到德国S地雷的威力之后，美军也开始采用跳雷。图中的M16A1 地雷就是二战中美军广泛使用的跳雷。

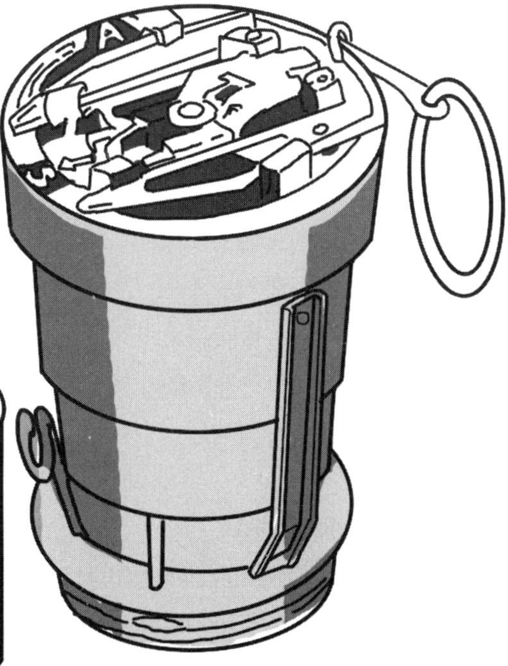

▶ M25 地雷

美军使用的反步兵地雷，采用了锥孔装药。这种地雷威力并不算大，人员踩上去后，脚底会被炸出一个大洞，造成重伤。

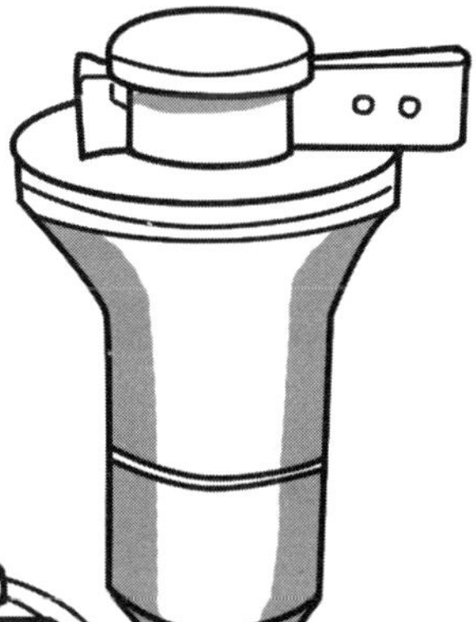

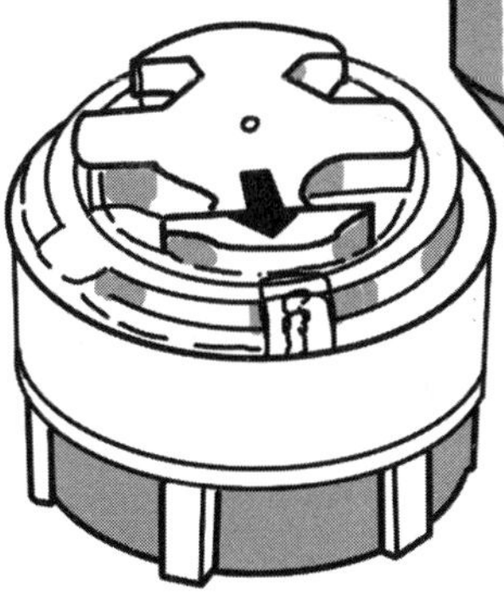

◀ M14 地雷

美国的一种用塑料制成的反步兵地雷，据说即使埋设上百年，仍能发挥功效。

M18A1 指向型反步兵地雷

■ 向侧面爆炸的地雷

美军研制的M18A1指向型反步兵地雷，名为“阔刀”，取自苏格兰的一种大型刀剑。通常，地雷都是被埋在地下使用的，爆炸时冲击的方向则是向地面上方。M18A1 指向型反步兵地雷与一般地雷不同，它带有脚架，使用时将脚架插入地面，置于地面之上。爆炸时，M18A1 指向型反步兵地雷会朝水平方向爆炸，杀伤范围更大。

M18A1 指向型反步兵地雷的外观看起来像是一个饭盒，里面装有 C4 塑胶炸药和大约700粒钢珠。炸药被引爆后，钢珠会像子弹一样飞散开来，杀伤有效范围内的敌军。

■ 如何设置“阔刀”地雷

在设置 M18A1 指向型反步兵地雷时，首先要把折叠的脚架展开，插入地面的土壤中，并将“FRONT TOWARD ENEMY（此面向敌）”一侧朝向敌方。在地雷的顶部，有 2 个可以插入引信的孔，使用时插入引信。

M18A1 指向型反步兵地雷可以通过长约 30 米的引爆索在稍远的距离等待敌人靠近后遥控引爆。M18A1 指向型反步兵地雷爆炸后，会以大约 60° 的扇形角射出地雷内的钢珠，最大杀伤距离达 50 米，基本杀伤范围内的每平方米都有约 5 粒钢珠。如果敌军的数量较为密集的话，可以起到很强的杀伤效果。

一般 M18A1 指向型反步兵地雷会设置在敌军的前进路线上，有时也会作为己方阵地或者设施周围的防御型武器使用。

M18A1 指向型反步兵地雷

种类：指向型反步兵地雷

长度：215 毫米

宽度：83 毫米

厚度：35 毫米

重量：1.6 千克

正面

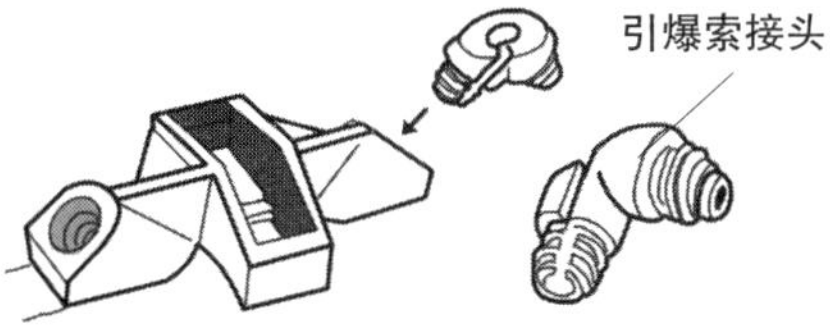

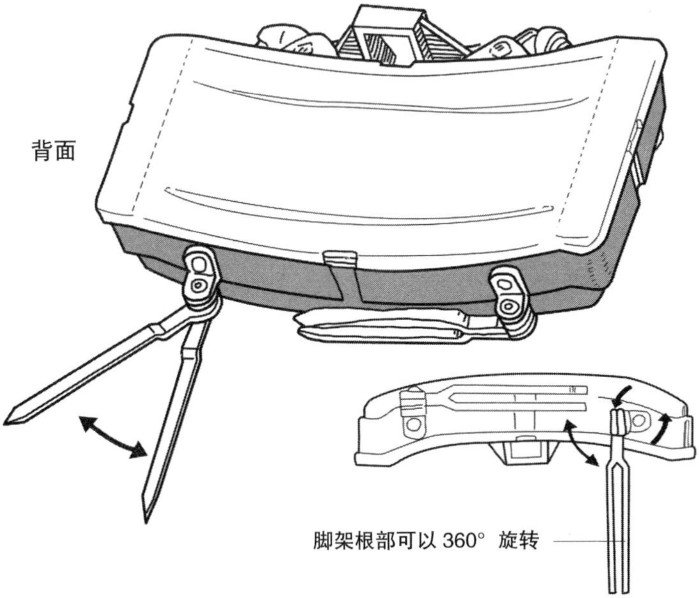

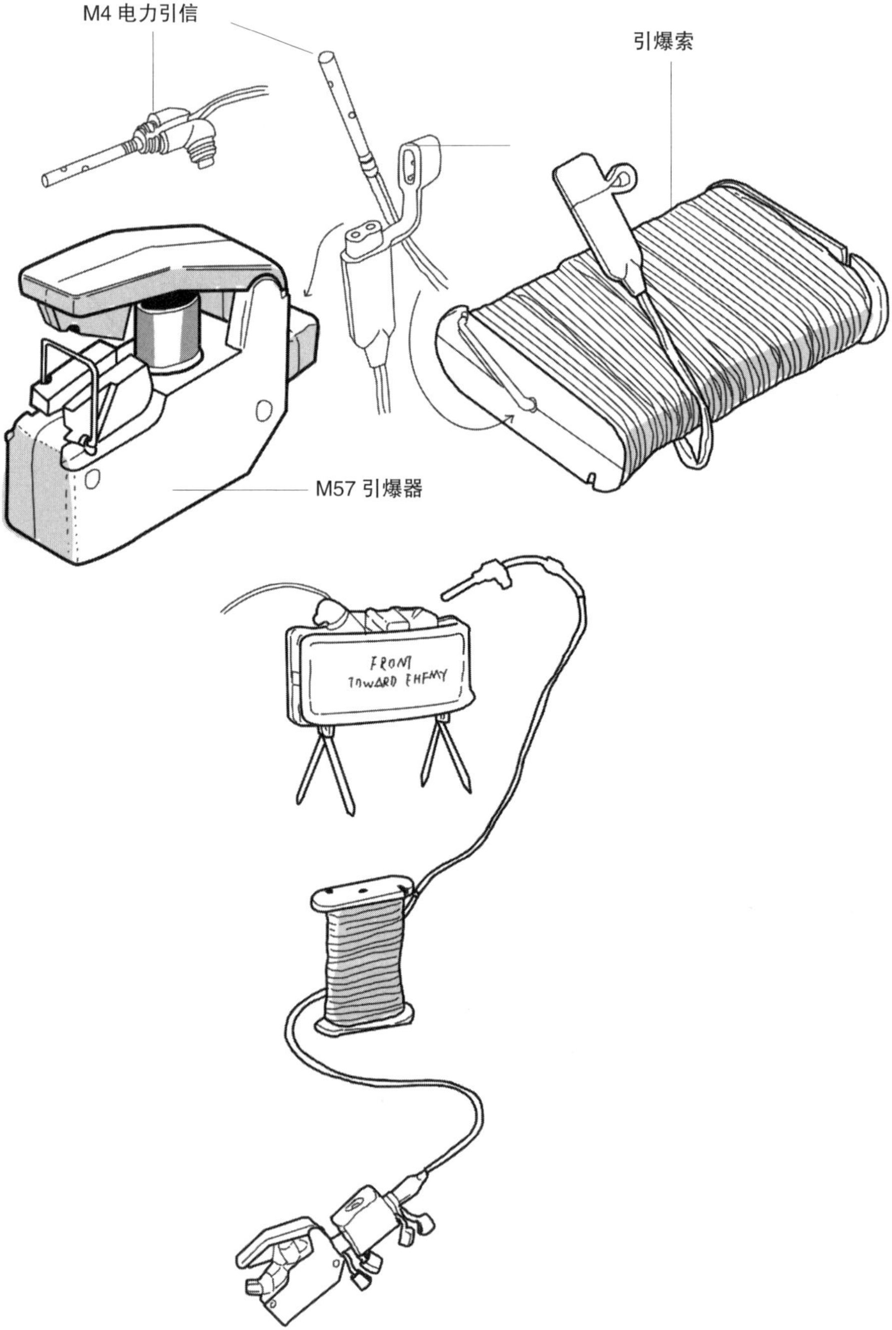
M4 电力引信
引爆索
M57 引爆器
FRONT
TOWARD ENEMY

※ 这种袋子也可以放置其他弹药或者手榴弹等。

▲ M18A1 指向型反步兵地雷携行袋

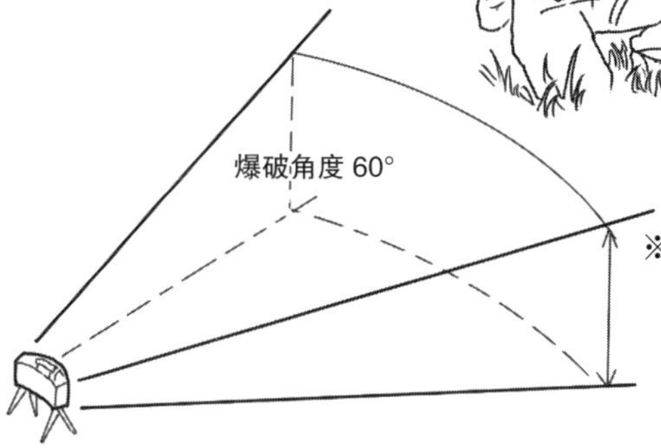

※ 水平杀伤距离 30 ～ 50 米，垂直杀伤范围 2 米

※ 使用非电离的 M60 引爆器，通过拉线的方式引爆。只要将插销拉开就会引爆，也可被用于设置诡雷陷阱。

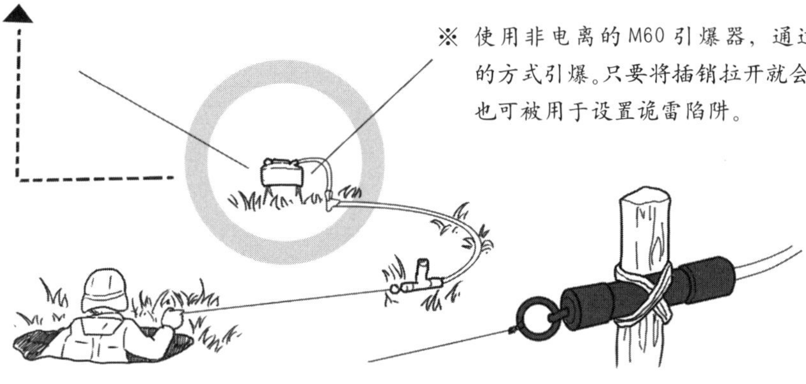

FFV-013 指向型地雷

■ 巨无霸地雷

瑞典所生产的 FFV-013 指向型地雷绝对是定向地雷家族中的异类，它重达 24 千克，内装 9.5 千克高爆炸药，无论体积、重量均为指向型地雷中的“巨无霸”。

与大多数指向型地雷不同，FFV-013 指向型地雷的杀伤单元不是钢珠，而是一块宽为 420 毫米、高为 250 毫米的钢板，钢板重量约 20 千克，并通过刻槽形成 1200 块六角形的破片。FFV-013 指向型地雷的目标涵盖了人员和轻型装甲车辆，为了能有效地击穿轻型装甲车辆，所以其杀伤破片动能较大，达到了约 150 焦耳。

瑞典 FFV-013 可用于重要设施、机场、码头、岸防炮发射阵地的防直升机机降和突袭的需要，也是一种理想的伏击武器，可在区域防御中造成密集杀伤。

相比美国的 M18A1 地雷，FFV-013 地雷体积更大、威力更强，但是它不能通过设置绊索作为诡雷，只能通过遥控的方式引爆。

FFV-013 指向型地雷被出口到世界上许多国家，甚至一些已经签署了《全面禁止杀伤人员地雷公约》的国家也有采用。日本于 1998 年加入了该公约，日本经过试验研究之后，决定采用这种地雷，不仅从瑞典进口了 FFV-013 地雷，还获得了生产权自行生产。

日本自卫队将生产装备的 FFV-013 指向型地雷称为“FFV 指向型霰弹”，通过这种名称上的变化避开《全面禁止杀伤人员地雷公约》的限制。

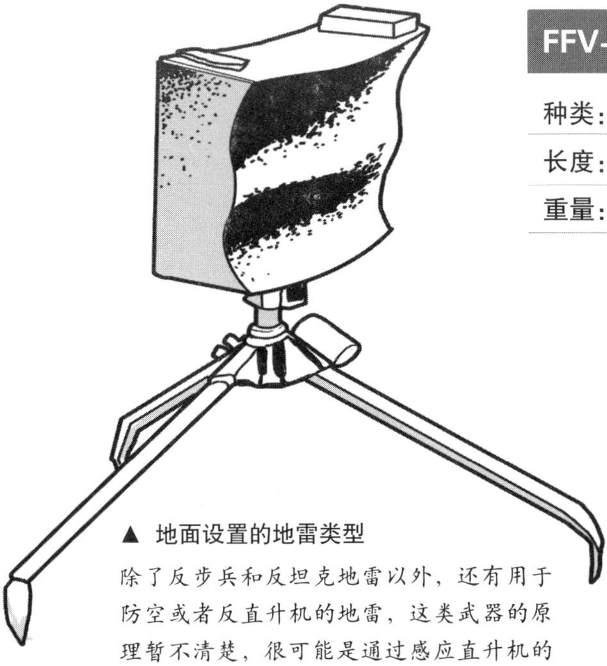

FFV-013 指向型地雷

种类：	指向型地雷
长度：	420 毫米
重量：	24 千克

▲ 地面设置的地雷类型

除了反步兵和反坦克地雷以外，还有用于防空或者反直升机的地雷，这类武器的原理暂不清楚，很可能是通过感应直升机的噪声或者螺旋桨引起的震动进行引爆。

▲ 顶部攻击地雷

可以探测到接近的坦克，并将地雷发射出去，攻击坦克顶部装甲防护最薄弱的位置。

反坦克地雷

■ 瞄准坦克的“腹部”

反坦克地雷，顾名思义，就是专门用来对付坦克的地雷。虽然坦克号称“陆战之王”，但绝不意味着它在陆地上就能肆无忌惮，厚实的装甲也并不能将它护卫得绝对周全。

一般坦克前装甲最厚，侧装甲次之，后部稍薄，顶部和底部最薄。在射击时将最不易受到攻击的底部做得最薄，以求以最小的重量换取最大的防护力。而反坦克地雷专攻坦克的死穴，一击致命。无论是哪种坦克，一旦履带等行进装置遭到破坏，就可以令它动弹不得。如今的坦克普遍采用V字形底盘，并配合复合装甲，使这一情况得以好转。

与反步兵地雷相比，反坦克地雷通常拥有更多的炸药，引信经过改造，一般只有被大于180千克的力量触发，引信才可以引发爆炸，因为要防止人员踩踏将其引爆。

■ 沙漠之狐的地雷

二战期间，被称为“沙漠之狐”的隆美尔在北非战场上曾大量使用反坦克地雷，他构建了一条著名的“空罐之路”。他派人将空罐埋设在敌军前进的路线上，并采用了空罐和地雷交错配置的方式，令排雷工作很难顺利展开。

除此之外，地雷的配置方式也很特别，在同一个地方埋设三层地雷，当地雷探测器探测到第一颗地雷时，敌方工兵开始进行排除，但用绊索连接的第二颗和第三颗就会在排雷过程中引爆。

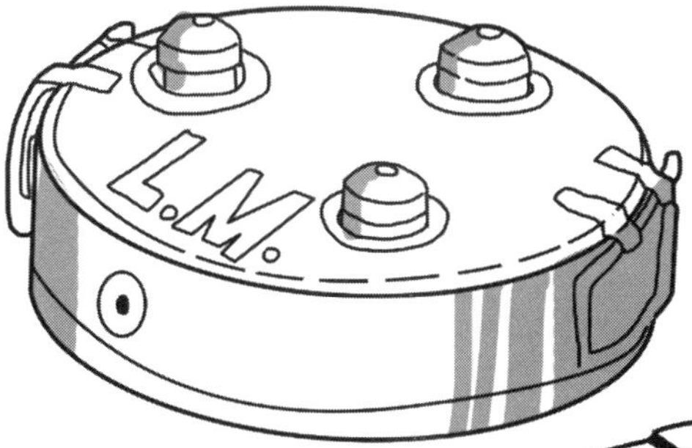

◀ TNI29 地雷

德军使用的T型地雷，顶部有3个压力引信，侧面与底部有防止排除的引信，一旦地雷被挪动就会引爆。

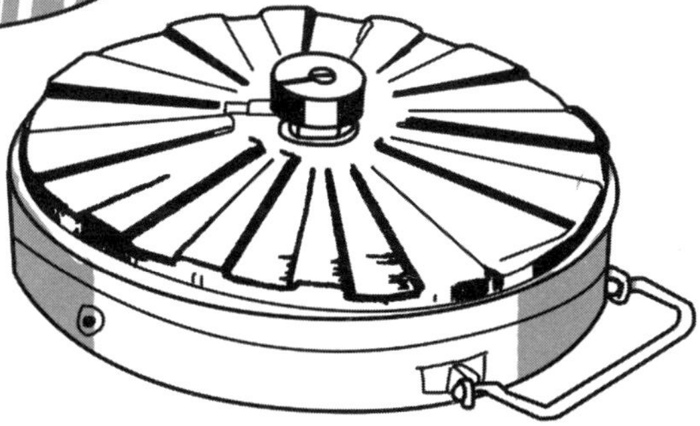

▶ TNI35 地雷

为了便于生产，冲压一体成型的地雷。顶部的沟槽可以令地雷埋在杀敌等处时具有更好的隐蔽效果。

◀ M19 地雷

美军使用的反坦克地雷，一旦施加超过159千克的压力就会引爆。

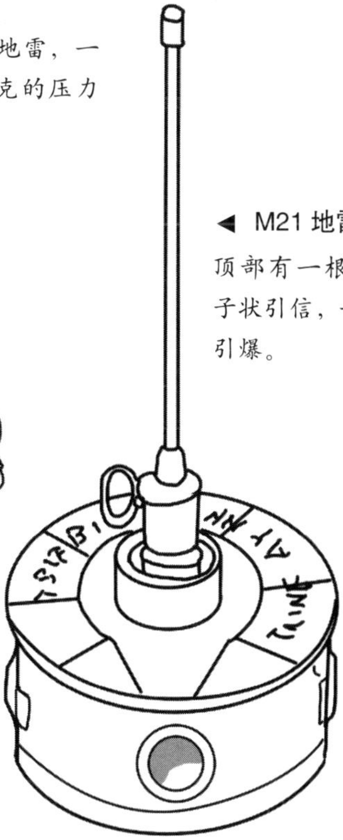

◀ M21 地雷

顶部有一根十分敏感的棒子状引信，一经触动就会被引爆。

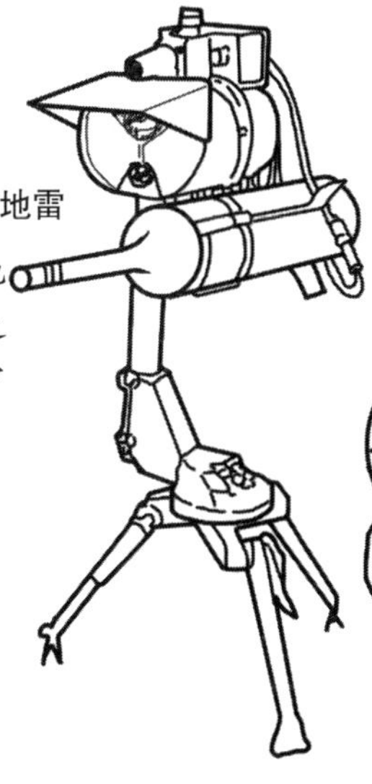

▶ PARM2 反坦克火箭地雷

这种是一种指向型地雷，感应到坦克接近之后会发射火箭弹，击穿坦克的装甲。

埋设地雷与排雷

埋设地雷

地雷可以用不同的方法布置，如以火炮在数千米外布置，由直升机、飞机或巡航导弹空投，由装甲车投掷。最常见的做法则是由工兵人手掩埋。人手布的雷非常难被发现，多数的反步兵雷场会同时布有反坦克雷，以防对方以装甲扫雷。

埋设地雷并不是将其放置好就行，一定要记好埋在什么地方、各个地雷之间的间隔、埋设深度等，并且要留下记号。

这样做一方面是为了在战斗结束之后便于清除地雷，另一方面可以通过这些记录了解雷区的阻绝能力，有利于作战计划的制订和完善。

如何排除地雷

虽然地雷是一种非常有效的武器，但如果埋设的地雷在战斗结束之后没能及时被排除，就会造成很多麻烦。在战争过后遗留下来的地雷所杀伤的平民，比它们在战争中所杀的步兵还要多。据统计，单在柬埔寨战后便有35 000人被地雷炸断脚而被迫截肢。排除地雷不但危险，耗时很长而且昂贵。

军队在作战中，常常会被雷区阻碍，他们的排雷作业并不会像消除遗留地雷那样复杂。军队的目的只是突破雷区，开通一条能让部队顺利通过的道路即可。军队最常用的方法就是直接对雷区进行炮击。二战的非洲战场上，英军为了对付隆美尔设下的雷区，曾进行了5小时连续不断的炮击将地雷引爆。

除此之外，还可通过人力排除，或者用高防护的专门车辆压过雷场，引爆地雷。

▲快速布雷车

日本的装甲作业车丁型

※ 这是二战中日本配备的装甲作业车，用于排除路上的障碍物，也可用于对碉堡等建筑进行攻坚。除了布雷装置和排雷装置，还能配备火焰喷射器、起重机、架桥设备等。

■ 扫雷车

早在一战期间，英国在 Mark IV 型坦克上试装了滚压式扫雷器，二战期间，英国在马蒡尔达坦克上安装了锤击式扫雷器，美国在 M4 和 M4A3 坦克上分别安装了 T–1 型滚压式扫雷器和 T5E1 型挖掘式扫雷器。二战后，扫雷车的应用更加广泛，20 世纪 60 年代初，美军曾研制以 LVTP 登陆装甲车为基础的 LVTE–1 机械、爆破联合扫雷车；20 世纪 80 年代又研制了 ROBAT 遥控扫雷车。苏联则在 T–55 坦克上安装了挖掘和爆破扫雷器。

如今的扫雷车按扫雷方式，可分为机械扫雷车、爆破扫雷车和机械爆破联合扫雷车。根据需要，在战斗前挂装不同扫雷器材。

机械扫雷车是靠坦克或装甲车推动安装在车前的扫雷滚轮、扫雷犁和锤击式扫雷器在雷场中进行排雷作业的装备。机械扫雷车分为滚压式、犁掘式和锤击式三种。

爆破扫雷车不直接进入雷场，而是在雷场外一定距离内发射扫雷装药以达到开辟通路的目的。通常用 1 辆坦克装甲车辆作为基础车，车上装发射装置和扫雷装药，直接驶到或被牵引到发射场地。

机械爆破联合扫雷车是将扫雷器与爆破扫雷器集中在同一辆车上的多功能扫雷车。一般在坦克前部装机械压辊或犁刀，车体上部装直列装药和发射装置。实施扫雷作业时先在车辆前进方向发射直列装药，以爆破方式在雷场中开辟通路，然后再用压辊或犁刀排除未爆炸或未被清理的地雷。

由于新型地雷和远程抛撒布雷系统的发展和应用，机动性好、有装甲防护能力、集多种功能于一身的扫雷器材正在发展中。

※该车型将为地面部队提供破障设备。它将作为联合武器任务部队的一部分，并由工程兵来操作使用。该车将以 M1 主战坦克底盘（无炮塔）为基础，采用一些子系统，如全宽度扫雷犁、双排装弹、通路标识系统、遥控系统和防护武器系统。

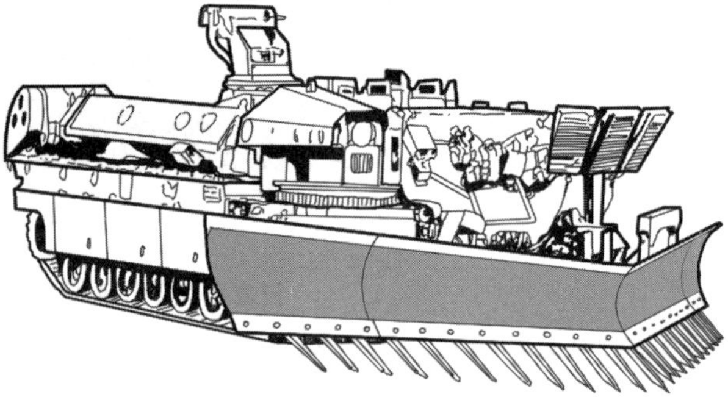

“灰熊”破障车

用炸药排雷

用来排雷的导爆索是一种内装炸药的管子，它可以用火箭弹发射，落地后便会爆炸，从而引爆地雷。这种方式和炮击雷区排雷的方式有点相似，不过，用炮击是无可奈何下的办法，而导爆索则是专门通过爆炸排雷的工具，因此从成本上说，导爆索要比炮击低得多。

用导爆索排雷也有缺点。导爆索爆炸的范围比较小，能够排雷的区域比较有限。当军队处于行进的目的用来扫清道路时还比较好用，但如果是战后处理雷区的地雷，导爆索的效率就显得太低了。

还有另一种可以大范围排雷的武器——热压弹。所谓热压弹，就是指在爆炸后产生高热量和高压力的炸弹。这种炸弹不是靠弹药爆炸后产生的碎片和冲击波摧毁目标，而是依靠弹药爆炸时产生的巨大热量和气压达到杀伤目的。热压弹爆炸后会在大范围内产生高温、高压，这种压力足以引爆爆炸范围内的地雷。

※虽然如今已经有各种排雷器材问世，但实际上大部分排雷工作仍要靠人工进行。

正在排雷的士兵

TNT 炸药

应用广泛的炸药

TNT 是英文 Trinitrotoluene 的缩写，是常见的炸药类型之一。由于呈黄色晶体状，所以与苦味酸一同被俗称为“黄色炸药”。

TNT 的中文名是三硝基甲苯，1863 年由 TJ. 威尔伯兰德在一次失败的实验中发明，但在此后的很多年里一直被认为是由诺贝尔所发明，造成了很大的误解。它在 20 世纪初开始广泛用于装填各种弹药和进行爆炸，逐渐取代了苦味酸。二战结束前，TNT 一直是综合性能最好的炸药，被称为“炸药之王”。

TNT 十分稳定，和硝酸甘油不同，它对摩擦和振动不敏感。即使是受到枪击，也不容易爆炸，因此，需要雷管来启动。它不会与金属发生化学反应或吸收水分。因此，可以存放多年仍能照常使用。

TNT 当量

在描述原子弹威力的时候，常会提到爆炸当量这个词。这里所说的“当量”就是指原子弹爆炸的威力相当于多少质量单位的 TNT 炸药。质量单位通常以千克或吨来计量，而在核武器的威力衡量上则通常用“万吨”，甚至有一些使用“亿吨”为单位。由于 TNT 每单位质量所产生的爆炸程度基本相同，所以普遍被作为爆炸当量的参考。

如果某种武器表明爆炸当量为 2 万吨，意思就是说该种武器所产生的威力与 2 万吨 TNT 爆炸产生的威力相同。通常来说，核武器的爆炸当量都在 1 万吨以上。1945 年 8 月 6 日，投于日本广岛的核弹大约等于 1.3 万吨的黄色炸药，现代的核武器相当于 10 万吨到 2 千万吨 TNT，曾试爆过最大的核弹是苏联 5800 万吨的沙皇炸弹。

▶ 1 磅 TNT 炸药包装

收纳在厚纸板制成的容器中，重量约为 450 克。

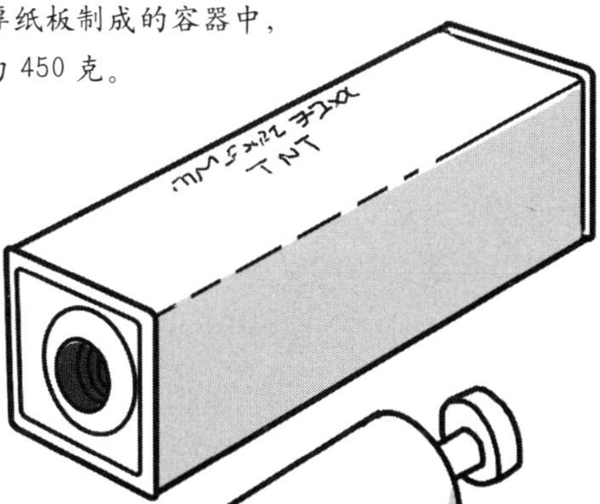

▼1/4 磅 TNT 炸药包装

工兵使用的最小单位 TNT，重量约为 113 克。

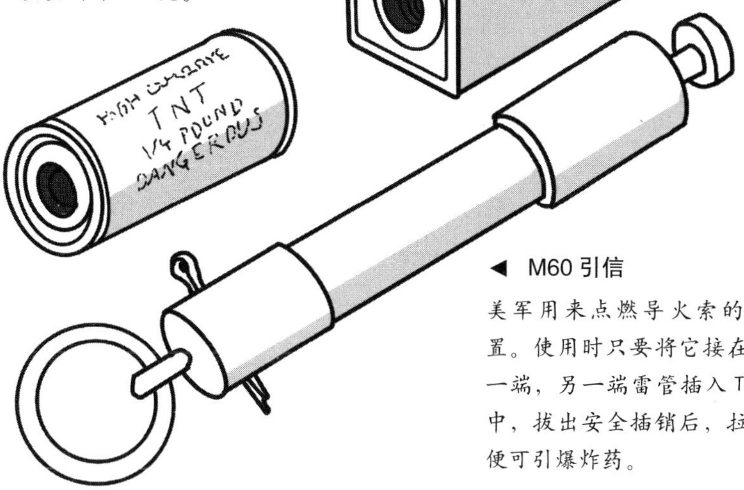

◀ M60 引信

美军用来点燃导火索的点火装置。使用时只要将它接在导火索一端，另一端雷管插入 TNT 炸药中，拔出安全插销后，拉动拉环便可引爆炸药。

▶ 炸药的应用

炸药通常会被用于炸毁桥梁、建筑等物，如图这样用于炸毁桥梁时，放置炸药时需要一些专门技巧的。只要在桥梁支撑部位的左右两端（图中黑点处）放置炸药，爆炸后两端被损坏，破坏了桥梁的平衡，桥梁中间自然也会断裂。在进行爆破时，不仅仅需要依靠炸药的多少，而是要利用好目标对象的结构，如此便能以最少量的炸药实现最大的爆破效果。

塑胶炸药

■ 什么是 C4

在一些讲述特工的电影中我们常常可以看到他们会拿出一块类似黏土的炸药，贴在门上或者墙上进行爆破。这让人不禁要问，炸药为什么是这个形状的?

像这样的炸药，使用最为广泛的就是以“C4”为代表的塑胶炸药。C4 炸药是一种高效的炸药，由 TNT、塞姆汀和白磷等高性能爆炸物质混合而成，可以被碾成粉末状，混合了塑料黏合剂、可塑剂以及标签剂以后可以挤压成任何形状。

除了能够轻易变形这个特点以外，C4 的性能才是它受到重视的真正原因。C4 炸药的稳定性非常高，无论经历剧烈的冲击，还是用火点燃，甚至就算是对它开枪射击都不会引爆。C4 放到火中只会慢慢地燃烧，越南战争时，美军士兵在巡逻期间曾通过点燃 C4 炸药来给自己取暖。其稳定性不仅表现在很难被其他诱因引爆，更重要的是，在极端环境中可以照常爆炸。就算是潮湿或者放在水中，也不会影响到 C4 炸药的性能。

C4 只能结合引爆剂以电雷管引爆，是一种威力非常大、性能非常高的炸药。尤其是稳定的特性，非常适合作为军用炸药。

■ 塞姆汀炸药

塞姆汀炸药是捷克斯洛伐克在 20 世纪 60 年代研发的一种塑胶炸药，它与 C4 一样，具有稳定性高、威力大、容易塑形等优点。20 世纪 70 年代以后，恐怖主义盛行，塞姆汀炸药曾被多次使用在恐怖袭击中。为此，生产塞姆汀炸药的厂商被要求必须在其中添加一种侦测剂。如此一来，塞姆汀炸药就可以在安检过程中更容易被发现，从而降低了将塞姆汀炸药携带上飞机等交通工具的风险。

▶ C4 塑胶炸药

通常整条装在塑料容器中，重量约 1.1 千克，可以用刀子切割成适当的份量取用。

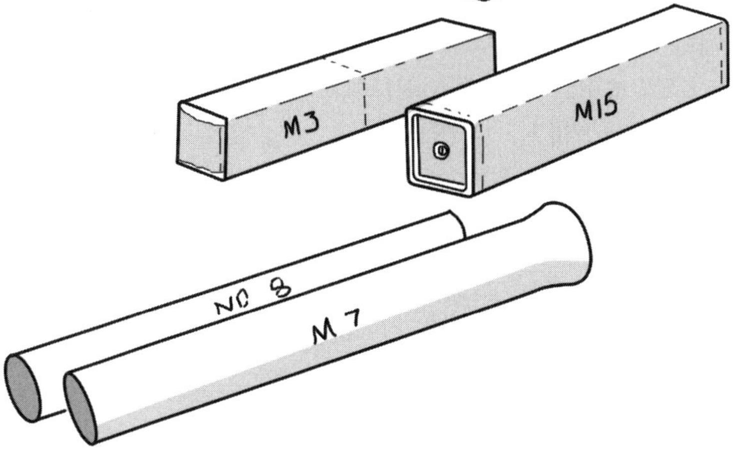

▶ 雷管

插入 TNT 或者 C4 炸药中用于引爆的装置。它是在铝管中塞入炸药和引爆剂制成。雷管的稳定性较差，受到冲击或者遇过热环境都会爆炸。

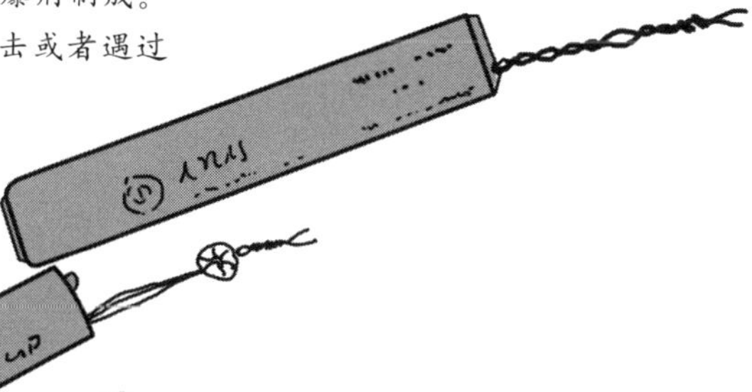

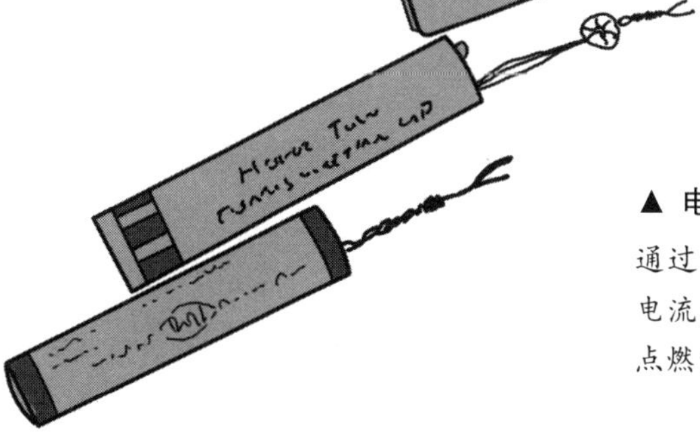

▲ 电雷管

通过电流引爆的的雷管，接通电流后，会产生一定的热量，点燃雷管中的引爆剂。

矽藻土炸药

■ 诺贝尔发明的炸药

瑞典科学家阿尔弗雷德·诺贝尔于1866年曾研发出一种炸药，主要成分是硝酸甘油与木屑（或任何可以吸附液体的物质）、硝石和碳酸钙混制而成。诺贝尔最初使用硅藻土作为吸附硝酸甘油的物质，1867年，诺贝尔得到硝酸甘油炸药的专利权。后来，诺贝尔改为使用矽藻土吸附硝酸甘油，因此这种炸药也叫做矽藻土炸药。

矽藻土炸药的威力很大，比TNT还要强一些。在诺贝尔将其推向市场以后，矽藻土炸药作为一种安全的炸药迅速被大规模使用。与此同时，这种炸药也受到了各国军方的瞩目。诺贝尔发明这种炸药原本是为了工矿业用途，但最终它成为了一种致命的武器。

诺贝尔逝世后，根据他的遗嘱成立了诺贝尔基金会，将其庞大的财产设置奖项，颁赠给那些为人类做出突出的贡献者。

■ 容易受潮的炸药

硝酸甘油本身是爆炸物，但其性能极不稳定，在强烈晃动下就会爆炸。诺贝尔以三份硝酸甘油及一份硅藻土，再加上少许碳酸钠，使炸药稳定而可运输与储存。由于炸药中的硝酸甘油稳定性低，会自然分解，因此长期保存比较困难。

像常说的“火药受潮”，其实就是含有大量硝酸甘油的矽藻土炸药在吸收了空气中的水分之后逐渐固化，这会令炸药的爆炸性能降低。

如今工矿业中使用的炸药已经改为安全性更高、价格也更便宜的含水炸药等取代矽藻土炸药。

"爆炸"是怎样的现象(1)

■ 火药和炸药

虽然爆炸在武器中，尤其是说到大威力武器时常常会提到，但对于普通人而言，很难切实地了解到爆炸是怎样的一种现象。

要解释爆炸，首先要明白火药和炸药的区别。

火药又被称为黑火药，是一种早期的炸药，直到 17 世纪中期都是唯一的化学爆炸物。火药一般由硫磺、木炭和硝石（硝酸钾）混合而成，其中，硫磺和木炭是作为燃料，而硝石是作为氧化剂。由于火药的燃烧特性和能大量产生气体和热量，火药被广泛用作子弹中的发射药和烟花中的烟火药。子弹弹头正式被发射药高速燃烧产生的能量所推动，而烟花升空后的轰隆散开则更形象地阐释了这个过程。

炸药是能在极短时间内剧烈燃烧的物质，这种剧烈燃烧的过程，就是通常所说的爆炸。一般情况下，炸药的化学及物理性质稳定，但不论环境是否密封，药量多少，甚至在外界零供氧的情况下，只要有较强的能量激发，炸药就会对外界进行稳定的爆轰式作功。炸药爆炸时，能释放出大量的热能并产生高温高压气体，对周围物质起破坏作用。

不仅是火药和炸药会发生爆炸，其他一些可燃物质也可能爆炸。在一般中学的化学课程中，会有检测物质的试验，其中检测氢的方法就是在空气中燃烧氢气，并会发出爆鸣声，当中的爆鸣声是来自氢与氧的结合时所瞬间释出的能量，此情况也是爆炸，只是规模较小。

与这些可燃物不同的是，火药和炸药本身含有氧化成分，即便是在真空环境中，一旦被引燃，它们同样可以爆炸。

"爆炸"是怎样的现象（2）

两种爆炸

严格意义上说，爆炸也是有区别的，可以分为爆轰和爆燃，两者之间强度差别很大。所谓爆燃，通常是指物质燃烧速度较快（低于声速），但不会产生冲击波；爆轰则是物质以超过声速的速度燃烧，因此会产生超出声速的剧烈冲击波。

炸药在引爆时会剧烈燃烧，燃烧的速度远远超出声速。如 TNT 的燃烧速度约为 7000 米 / 秒，C4 的燃烧速度最快可以达到 9000 米 / 秒！在这种高速燃烧的状态下，由炸药燃烧产生的气体会急剧向四周散去，形成冲击波，也就是爆风。这个转换的过程，也就是炸药发挥破坏力的过程。

黑火药和大多数可燃物的燃烧速度都远逊于炸药，黑火药的最大燃烧速度约为 300 米 / 秒，只有炸药的几十分之一。由于燃烧速度未超过声速，因此不会产生超声速的冲击波。

炸药威力的极限

从诺贝尔发明的矽藻土炸药，到 TNT 这样被广泛应用的军用炸药，都已经被使用了超过 1 个世纪。在此之后，并没有威力更强的炸药问世。虽然出现了锥孔装药弹头这样将爆炸能量向特定方向集中的武器，以及通过电子仪器提高火炮和导弹命中精度，但就目前而言，炸药本身的能量已经达到了极限。

要在如今的所有武器中找出威力超过炸药武器的，也只有利用核裂变能量的核武器。由于使用核武器会产生许多极具危害的射线，因此不可能随意使用。

发生爆炸后，一片狼藉景象

引信有什么用

■ 没有这个零件便无法使用

在提到炮弹、火箭弹、导弹、地雷等各种使用炸药的武器时，都会反复涉及到引信这个装置。如果没有引信的话，这些武器都无法使用。简单来说，引信就是用来引爆炸药的装置。

对炮弹、火箭弹、导弹、地雷等武器而言，在适当的时机引爆往往能发挥出最大的威力和最佳的效果，此时，要确保引信能在这一时机引爆炸药。平时，则要确保引信在任何状况下都能确保安全，不会由于外部环境的变化引爆炸药。

■ 引信的类型

引信分为触发引信、时间引信、近发引信。

触发引信是一种借由与目标的直接物理性接触，进而引爆弹头的引信。至于实际的引爆时间则视触发引信的设计而定，可在目标外或目标内启动。

此种引信设计的困难点在于与目标产生直接物理性接触时的感测效果，特别是目标硬度不足，或并不垂直于弹头弹道时最为明显。以飞机为例，其皮薄且硬度低，若触发引信避免飞行时的空气阻力引爆弹头而将感测和启动临界值设定较高，下场就是弹头在飞机上穿孔而未引爆，对目标不构成致命性破坏。

时间引信是利用机械、电子、烟火、化学、辐射或其他方式计量时间，一旦达到预定时间，便启动以引爆酬载。

这类引信通常可于事先设定启动时间。如机械定时方式是利用一简单的齿轮时钟；而电子定时方式类似钟表，利用类比或数位电子计时器，大多用于照明弹、地雷、炸弹以及少数高爆炮弹上。时间调整的范围依弹头种类可短至数秒，长至数小时，甚至数天。

近发引信是一种在弹头未与目标接触的情形下，引爆有效载荷以获致最大摧毁效应的引信。

不同于触发引信借由直接接触来启动或引爆弹头有效载荷，近接引信是以目标特性为启动依据。目标特性可能包括反射无线电信号、感应磁场、截断光波、制造压力或产生声波等。此种引信的优点在于使弹头有效载荷对目标的摧毁概率和效应增大，但相对地也会使引信对“最佳起爆点”的性能需求提高，增加设计难度和制造成本。如果同时出现多个目标，此类引信还必须能辨认并锁定弹头所应攻击的目标。

近发引信的启动可经由任何机械结构或能量形式来启动，如电磁、静磁、静电或音响等，然而，自然环境会影响能量的扩散或衰减等参数，进而直接关系到引信的启动效率和效能。近发引信的应用很广，有静磁式近发引信、声波式近发引信、静电式近发引信、压力式近发引信、光学式近发引信等类型。

即使是这么大的一枚导弹，也一定要装上引信

土制炸弹

DIY 炸弹

简易爆炸装置，又称土制炸弹，英文全称 Improvised Explosive Device，缩写为IED，泛指任何利用现有或临时制造的材料所制成的炸弹。例如，一个装满汽油的宝特瓶加上封在瓶口的布条，以及一根火柴，就是现成的即造爆炸装置。

从广义来说，土制炸弹或汽油弹都算是一种即造爆炸装置。在大多数情况下，即造爆炸装置并非凭空而生，而是以现有的爆炸装置为改装对象，或加大爆炸威力或是改变引爆方法，来满足当时的需求。

一般而言，会使用土制炸弹的多是缺乏资源的恐怖分子或游击队。有充分资源的正规军一般会使用标准化、效能良好的炸弹。

在制造简易爆炸装置时，必须针对目标类型进行细部调整，才能将杀伤力发挥到极致，才能达到预计的效果，因此，起爆装置就十分讲究了。

利用军规引信和雷管是最简便、安全和有效率的方式，但是因为任务需求不同，自然也需要做些变化。传统方式是采用计时装置来引爆，随后出现以遥控方式进行引爆（特别是利用无线电或移动电话等器材作为引爆装置，可以用手机、寻呼机、电动玩具遥控器、汽车遥控锁等装置进行改造）。在伊拉克和阿富汗战场上，美军查获的土制炸弹已采用是感应式引信和防拆装置，显而易见，土制炸弹的设计与制造已逐渐趋向复杂化和精密化，已经不算是传统意义上理解的“简易爆炸装置”了。

IED 的威胁

■ 制作简单，设置容易

只要具备相应的知识和材料，IED 的制作很简单，甚至可以将炸弹伪装成任何东西，这也是最可怕的地方。近年来，IED 使用最频繁的地方就是伊拉克、阿富汗等地，当地的一些恐怖组织和游击队会用它对付美军。他们常常将 IED 装在汽车上，当美军的车辆行驶到伪装好的汽车旁时，就利用遥控引爆炸弹。除此之外，甚至还会将 IED 塞进背包或者绑在人的身上制成人肉炸弹，用来发动袭击。

由于美军常常会遭到反对武装设置的 IED 攻击，并造成了较大的损失，因此，美国五角大楼曾专门针对车辆装甲进行强化，并研制了电子干扰装置阻止 IED 引爆。

■ 危害严重

伊拉克战争结束以后，驻守在伊拉克的美军士兵仍然无法放松，因为来自 IED 的威胁时刻笼罩着他们，是目前和未来相当长一段时间内美军在伊拉克所面临的最大威胁。

事实证明，IED 是反美武装对付驻伊美军的最有效武器。伊拉克反美武装在战争结束后向美军发动了 4000 余次简易爆炸装置攻击。2005 年 8 月，伊拉克反美武装利用简易爆炸装置伏击美军达到了高潮，平均每天要在伊拉克境内布设几百枚简易爆炸装置。美军由于简易爆炸装置的伤亡，已经超过了参战以来死亡人数的一半以上。在 2006 年美国国防经费听证会上，美军官员称，驻伊美军由于引爆简易爆炸装置而阵亡的人数约为 800 至 1500 人。

为了最大限度地阻止受到 IED 袭击，美军开展了大规模的搜索行动，在重要场所和交通要道更是展开了地毯式搜索。同时，为车辆提供额外的装甲，避免士兵受到 IED 爆炸的伤害，并计划装备一种新型的电子干扰器来干扰 IED，令其无法被引爆。

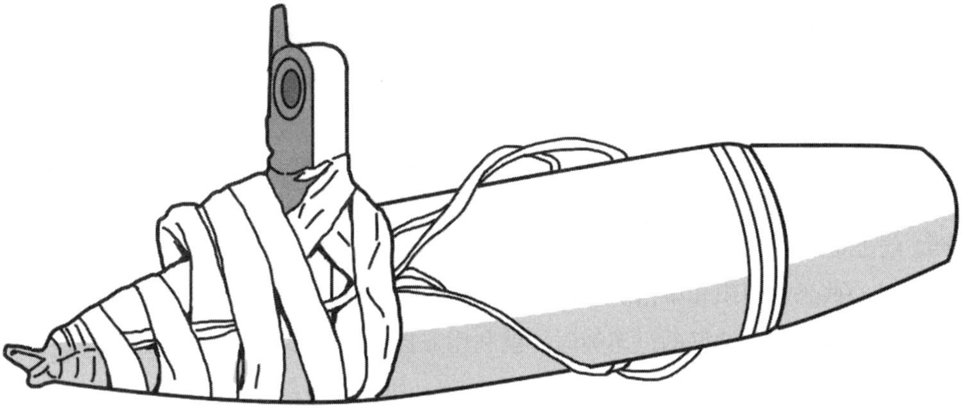

利用炮弹弹头制成的 IED

※ 用炮弹弹头制成的 IED，是将炮弹的引信移除，安装电力引信，并与手机相连。引爆人员藏身在远处等待目标接近，之后就拨打手机启动引信引爆炸弹。

被 IED 破坏的车辆

第四章
防空武器

【可以击落空中威胁的导弹武器】

飞机的问世，可以说就已注定成为武器的命运。

莱特兄弟在 1903 年完成了世界首次动力飞行，才过了半个世纪，人类就已经飞上了太空。

飞机能高速飞翔于空中，伴随而来的则是科技的进步，最终导致单兵携带武器也能够对抗航空器。

即研发“防空武器”为了催生这种武器，更为进化的火箭推进器以及发达的感测技术则是必要条件。

本章主要针对可由单兵操作的防空导弹进行解说。

如何对抗航空飞行器

■ 来自空中的威胁

对地面部队而言，来自空中的打击是他们最不愿碰到的敌人。不仅步兵在面对直升机、战斗机等作战飞机时无能为力，就连号称“陆战之王”的坦克也常常在受到空中打击后丢盔弃甲。

从一战时飞机被投入到战场作为武器使用，空中的武装力量就成为决定陆战、海战的重要因素之一。

为了能够和飞机对抗，人们曾研制出防空机枪、防空炮等各式各样的防空武器，但要用这些武器击落能在空中高速活动的飞机，实在是难上加难。二战后期，德国研制出了一种可单兵操作的防空武器——防空型“铁拳”，这是现代单兵便携式防空导弹的原型。

■ 单兵便携式防空导弹

到朝鲜战争时期，战斗机已经从螺旋桨飞机发展为喷气式飞机。空战的主力武器也从机枪、机炮进入到空空导弹的时代。与此同时，从地面攻击飞机的武器也从防空机枪、防空机炮发展为地对空导弹。

地空导弹应用初期，在针对低空飞行的飞机的作战中取得了不错的战果。越南战争时期，平均每10枚地空导弹就能击落一架来袭的美军飞机；但在1972年以后，由于战斗机采用了低空、超低空突防战术，平均每130枚地空导弹才能击落一架飞机。

空中目标在战术上采取的新的变化，必然影响武器发展的相应变化。飞机、直升机以低空、超低空飞行，再用射程250千米、重达10吨有余、长约17米的大型中高空空导弹攻击显然不妥。为此，从20世纪70年代以后，单兵便携式防空导弹便应运而生。

单兵便携式防空导弹体积小巧、轻便，可以随时应对敌方飞机的攻击。如今，在作战地域的前沿阵地或重要设施的防空区域和野战部队中，基本都配备了单兵便携式防空导弹。虽然飞机在对地面攻击中仍占据优势，但已经无法像以前那样肆无忌惮。

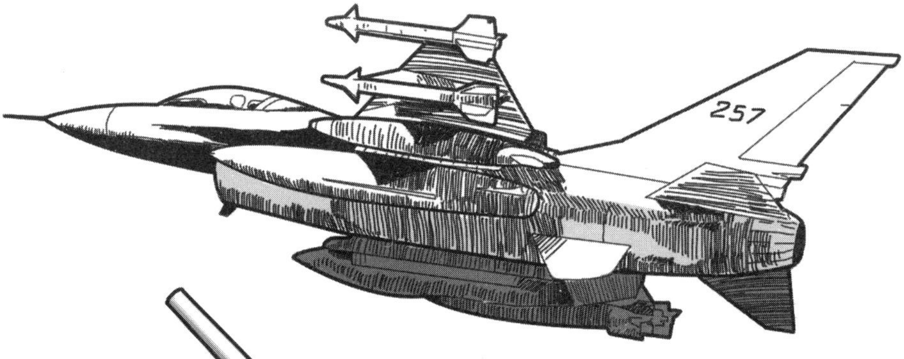

▲ F-16 战斗机

F-16 战斗机搭载了 AM-9“响尾蛇”空空导弹，这种导弹已经服役期超过半个世纪，经过了多次改进，目前依旧是以美军为首的西方国家的主力空空导弹。

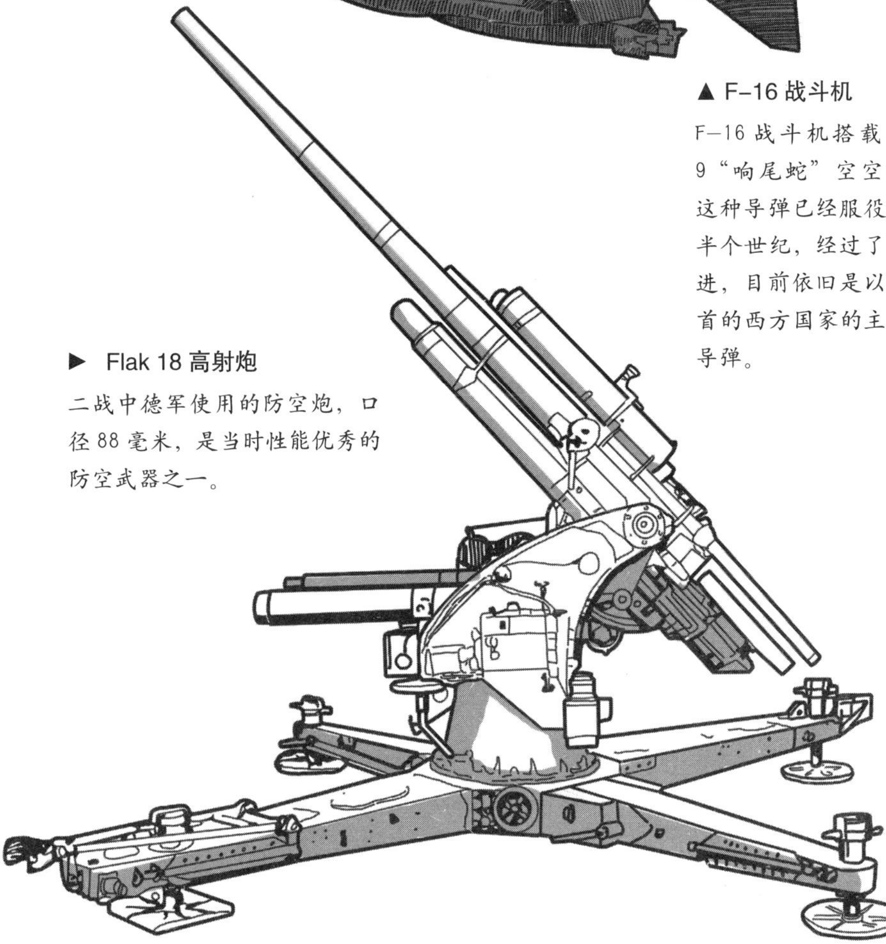

► Flak 18 高射炮

二战中德军使用的防空炮，口径 88 毫米，是当时性能优秀的防空武器之一。

“红眼”防空导弹

■ 利用红外线追踪目标

“红眼”防空导弹是二战后美国研制的第一代单兵便携式防空导弹，1959年由通用动力公司研发，1964年开始量产。“红眼”防空导弹也是世界上第一款使用的可单兵操作发射的地空导弹。

“红眼”防空导弹本体呈细长的圆筒状，收纳在发射管中，与单兵火箭筒非常相似。“红眼”防空导弹采用被动式红外线制导方式，发射的时候要将它扛在肩膀上，瞄准目标以后，启动红外线导引头。这样导弹就会自动锁定目标并发出响声告诉射手已锁定目标，射手只要扳动扳机就可以发射导弹，导弹首先会以发射火药的方式射离发射筒，火箭发动机会在离射手约6米后才会点火，这样是为了保护射手免被火箭的火焰烧伤。

■ 早期防空导弹的优缺点

“红眼”防空导弹在整个战斗地域里可灵活地进行配置，并随部队一起行动，为其提供持续和快速的对空防御。

“红眼”防空导弹是一种“发射后不管”的武器，但当时的红外线制导技术并不成熟，在极端环境下，红外线追踪目标常常会出现错误。如有时发射之后导弹并不会飞向目标，而是会直奔太阳或者有着强烈反光和热源的地方，因为它们的红外线信号更强。此外，“红眼”防空导弹采用的光学瞄准和红外跟踪制导方式，只能白天使用，仅适合对付低空慢速目标。

“红眼”防空导弹

种类： 单兵便携式导弹

全长： 1280 毫米

直径： 70 毫米

全重： 13 千克（导弹 8.7 千克）

射高： 2500 米

※ “红眼”防空导弹是最早的单兵便携式防空导弹，性能并不能算优秀。即便如此，它还是被大量生产，并陆续经过了测试和改进。在苏联入侵阿富汗的战争中，美国政府曾将“红眼”防空导弹提供给当地的游击队使用。

“毒刺”防空导弹

■ 二代“红眼”

由于“红眼”防空导弹在追踪目标和使用方面都有着一定缺陷，美军对其进行了大量改进，在它的基础上发展出了“红眼”II防空导弹。1972年3月，“红眼”II被重新命名为“毒刺”。

“毒刺”防空导弹与“红眼”一样，采用红外线制导的方式，但“毒刺”设计使用了一个更灵敏的导引头和拥有更好的动力学性能，可提供全方位探测和自导引能力，可以等飞机一接近就能进行迎头攻击，在它们去投放短程弹药或开始地面扫射之前将其击落。另一大特点是“毒刺”导弹增加了“敌我识别”（IFF）系统，当己方和敌军双方操作的飞机同时在空域上空时，能够识别敌方飞机。另外，由于火箭推进器的性能也有了较大提升，“毒刺”的飞行速度比“红眼”更快，可以追踪上喷气式战斗机并将其击落。

■ “毒刺”的实战检验

“毒刺”开始被广为人知是在苏联入侵阿富汗的战争中。从1986年到1988年期间，据估计，美国向阿富汗游击队秘密提供了900到1200枚“毒刺”导弹系统。阿富汗游击队成功地使用“毒刺”导弹系统进行作战，据称击落了250架苏联战机。尽管只经过有限的训练，但阿富汗抵抗战士使用“毒刺”导弹的战斗成功率超过80%。

“毒刺”导弹系统在战场上开创戏剧性的一幕，一种单兵肩射防空武器，居然能够有力地同低空飞行的各类飞机对抗，充分扩展了单兵作战能力。“毒刺”导弹系统已经成为世界武器发展中的经典。

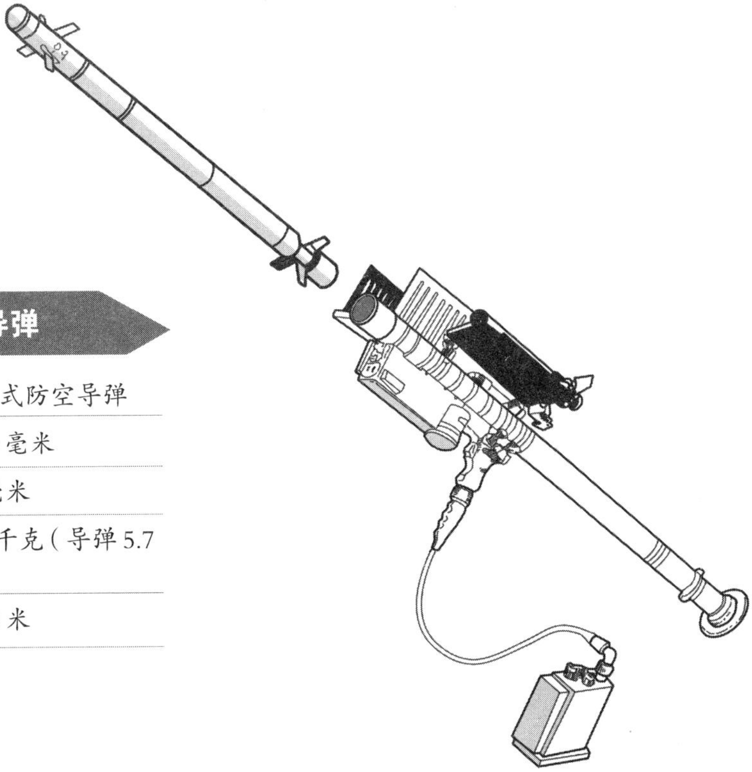

“毒刺”导弹

种类：便携式防空导弹

全长：1530 毫米

直径：70 毫米

全重：15.6 千克（导弹 5.7 千克）

射高：4000 米

◀ 正在使用“毒刺”导弹的士兵

“毒刺”导弹收纳在由玻璃纤维制成的发射管中，为了保护射手，在导弹发射后飞出 10 米左右才会点燃火箭推进器。

导弹发射之后会展开前后弹翼，后方 4 片尾稳定翼，前方 4 片尾操控翼，用来控制飞行姿态。

使用范围很广的防空导弹

“毒刺”导弹的使用范围很广，在美国陆军中，每个装甲师、机械化师、轻步兵师、空降师和空中突击师的防空火炮营有一个“毒刺”排。空降师和空中攻击师每个“毒刺”排各自拥有四个班。海军陆战队、海军、空军以及其他一些安全部分也都采用了“毒刺”导弹。

除了美军之外，各型“毒刺”导弹还被销售到世界范围内的许多国家军队中，包括一些第三世界国家，当然这些国家有的采用“非正式”渠道获得。到目前为止，“毒刺”导弹系统在 19 个国家使用，整合和配置在超过 40 个军种的 20 种车辆和直升机平台上。

加装“毒刺”导弹的 M2“布雷德利”步兵战车防空型，正是名称为 M6“后卫”

苏联 / 俄罗斯的便携式防空导弹

■ “箭”式防空导弹

为了和美军的“红眼”防空导弹对抗，苏联在二战后不久也投入到了防空导弹的研制当中，9K32 型防空导弹便是这一项目的成果。9K32 型防空导弹是苏联第一代便携式肩射低空域地空导弹，代号为“箭”，北约称之为 SA-7“圣杯”，1968 年开始装备苏联军队。

9K32 配有高爆弹头与目视机械瞄准和红外被动制导，虽然其射程、速度、作战高度有限，只能白天使用，但可迫使敌飞行员在 9K32 作战范围以外高飞，增加了敌飞行器被雷达探测以及被其他防空武器击落的机会。作为一种追尾攻击导弹，它的作战性能依赖于锁定敌低空飞行器热源的能力。

■ “针”式防空导弹

“箭”式防空导弹发展出了“箭 -2”“箭 -3”等多种型号，当这一系列导弹逐渐落后的时候，9K38“针”式防空导弹取代了它的地位。

9K38“针”式防空导弹系统由作战设备、目标指示和接收设备、维修设备和教学训练设备组成。系统的作战设备包括导弹、发射筒、发射扳机和热电池 / 冷气瓶。发射筒由玻璃纤维制成，用于运输、瞄准和发射导弹；热电池用于提供系统电源，冷气瓶用于冷却导引头；目标指示和接收设备包括带一套 R-255PP 无线电台的电子显示器，能显示半径 12.5 千米范围内的战术空情，一次最多可测试 4 个目标，由射击指挥小组指挥员确定威胁最大的目标进行跟踪。此外，还配备了敌我识别应答器，与美国的“毒刺”为同等水平的防空导弹。

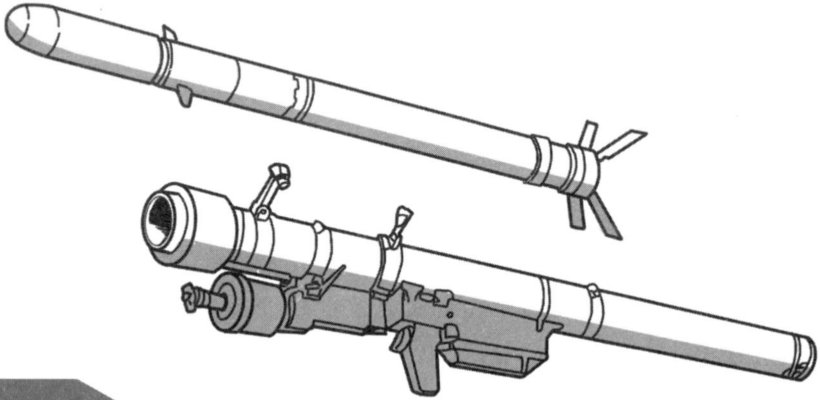

“箭 -2”

种类：便携式防空导弹

全长：1440 毫米

直径：72 毫米

全重：15 千克（导弹 9.8 千克）

射高：2300 米

※ 在伊拉克战争期间，流入伊拉克的“箭”式系列防空导弹曾击落了 17 架美军直升机。如今，“箭”式和美国的“红眼”“毒刺”等防空导弹都有相当数量落入了犯罪组织或恐怖分子手中，对世界范围内的安全造成很大的威胁。

91式便携式防空导弹

■ 日本自行生产的防空导弹

在91式便携式防空导弹之前，日本自卫队使用的是美国生产的“毒刺”防空导弹。91式便携式防空导弹是一种由日本东芝公司所研制和生产的便携式防空导弹系统，也是日本第一代国产便携式地空导弹。

在日本自卫队中，91式便携式防空导弹被俗称为便携SAM，由于“毒刺”防空导弹会被简称为SAM，因此常被误认为是日本产的“毒刺”。91式便携式防空导弹为自卫队专用，由于受到日本宪法的限制而不会外销。

91式便携式防空导弹类似于“毒刺”，并且安装了固体火箭发动机、初始助力电动机和维持器。91式便携式防空导弹的寻标器使用复合侦搜设计，分别是第二代红外线寻标器、光学图像辨识。由于导弹上装上感光耦合元件，可以在导弹的内存内加入目标的光学形象，有效抑止热焰弹等干扰手段，但是91式便携式防空导弹在改进时寻标器换成了红外线成像追踪技术，因此复合寻标器设计被取消。

91式便携式防空导弹的整套系统包括导弹发射装置、外置电池盒、敌我识别系统、导弹本体和其他系统，部分部件可与“毒刺”互用。91式便携式防空导弹重量为11.5千克，重量比15.6千克的“毒刺”轻。导弹推进剂使用固体燃料，导弹发射后发射筒会因热变形，无法重复使用。

91式便携式防空导弹被投入使用后不久，便推出了改进型。

91 式便携式防空导弹

种类：便携式地对空导弹

全长：1430 毫米

直径：80 毫米

全重：17 千克

射高：5000 米

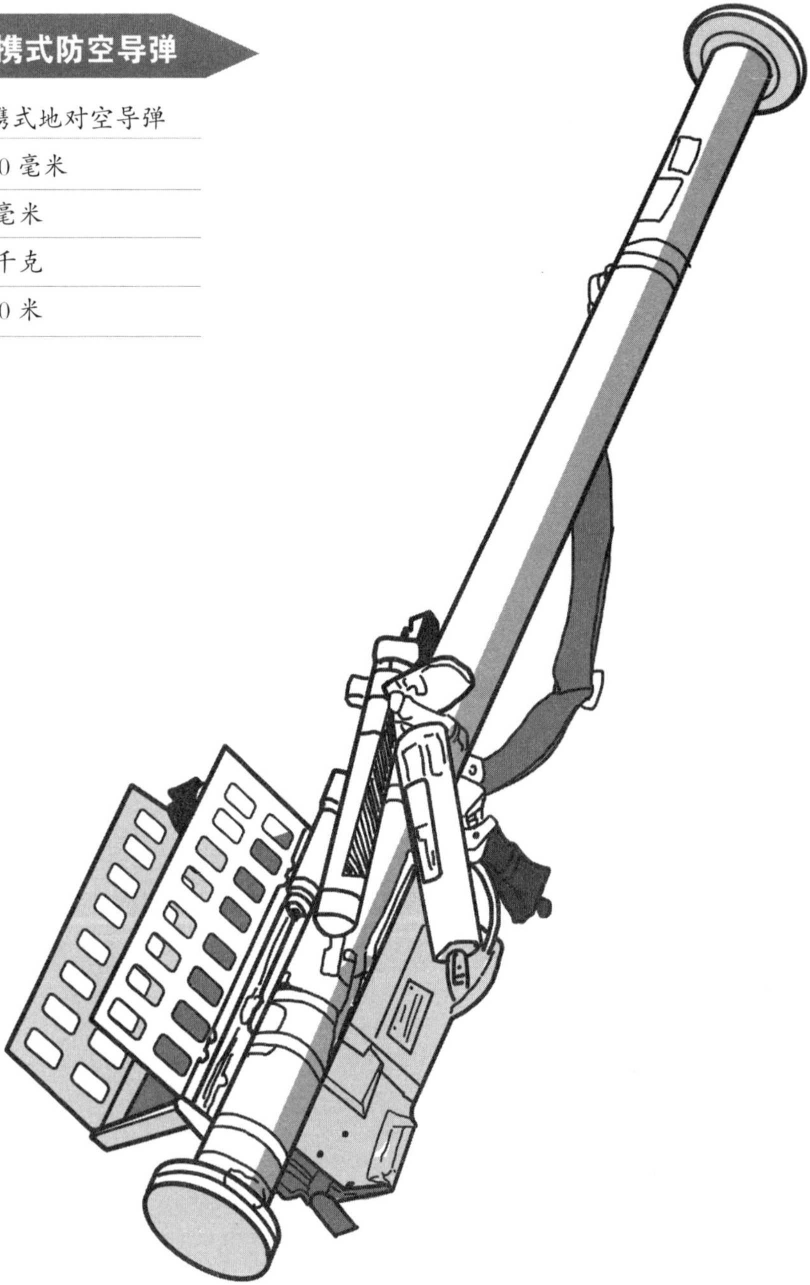

“西北风”防空导弹

并非肩射导弹

在 1981 年的巴黎航空展上，法国“西北风”防空导弹首次露出真容。

“西北风”防空导弹采用的红外寻的弹头装有多种感应装置，能够分别在不同的频率下运作以避免自然干扰和反制措施，而且可以探测到 6 千米外的喷气式飞机或 4 千米外的直升机，当红外线弹头锁定目标时会通知操作者发射导弹。

同类型的便携式导弹弹头重量不超过 2 千克，而“西北风”弹头重达 3 千克，由高能炸药和 1850 颗钨合金钢珠组成，又配以碰撞和激光近炸引信，具有较强的杀伤力，不仅能击毁飞机，也能摧毁反舰导弹。

“西北风”导弹有着多种型号，既可用于地对空攻击，还发展出了步兵携带型和搭载着战车、直升机上的型号，可以作为空对空自卫武器或者反舰导弹使用。

单兵携带的极限

“西北风”防空导弹与同类型的便携式导弹有着一些差异，它是把发射管与锁定瞄准装置都装设在其以三脚架为主体的便携式发射装置上作为发射站使用。发射时，使用者坐在三脚架的坐椅上进行瞄准与射击。这种方式的优点可以减少长时间警戒时的士兵的负担，也可以较简单地装设夜间瞄准装置。缺点是整体系统较沉重、体积较大，设置时间也较长，因而容易被敌方发现。而如果将它直接作为单兵便携式导弹使用的话，它的重量会给使用者带来很大负担，因此，可以说它是单兵携带式武器的极限。

“西北风”防空导弹（陆军型）

种类：地对空导弹

全长：1860 毫米

直径：90 毫米

全重：18.7 千克（弹头 3 千克）

射高：6000 米

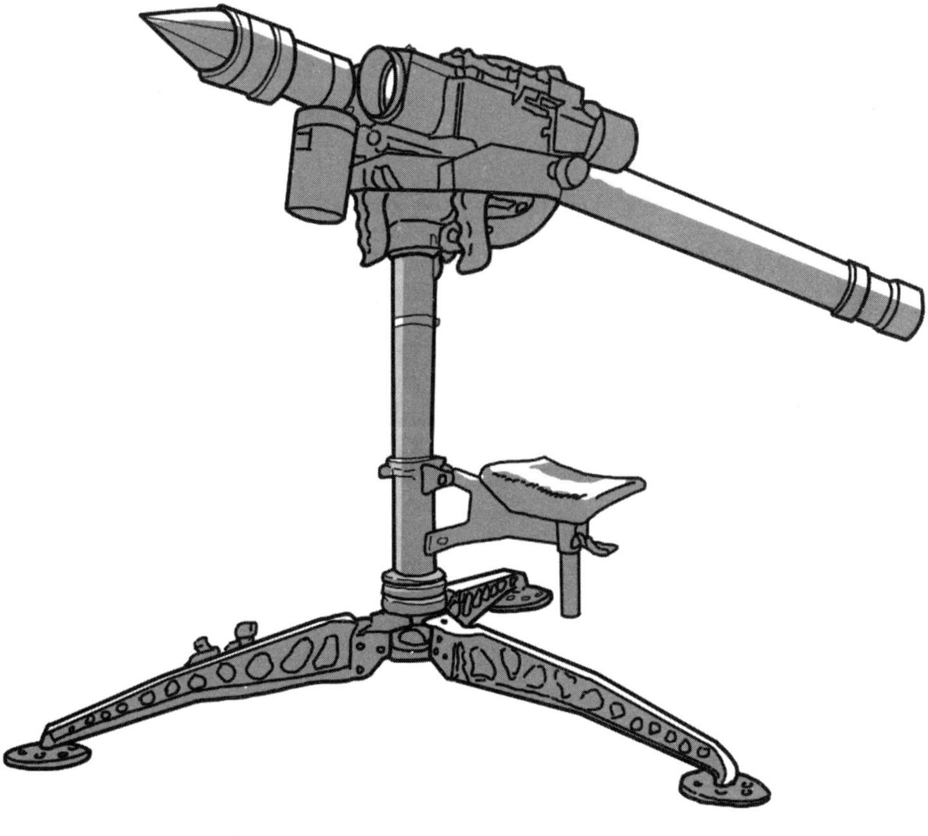

导弹是如何诞生的

■ "无人飞机"式导弹

世界上第一种被投入到实战的导弹是二战末期德国研制的 V–1 导弹。V–1 导弹用弹射器发射，也可从运载机上发射，然后，依靠弹上的控制系统导向预定弹道作水平飞行，而后向目标俯冲。V–1 导弹使用的并非火箭推进器，而是脉冲喷气式发动机，因此，在飞行过程中常伴随着"嗡嗡"的声响，所以又称"嗡嗡炸弹"。V–1 的外型类似一架飞机，只是没有驾驶员的乘坐空间，因此可以算是一种一次性攻击的"无人飞机"。

自 1944 年 6 月 13 日开始对欧洲大陆数个重要城市发射 V–1 导弹，直到 1945 年 3 月 29 日终止期间，德国一共生产了大约 3 万枚导弹，发射大约 1 万枚。其中，2419 枚击中伦敦市，造成约 6184 人死亡，17981 人受伤。

■ 采用火箭推进器的 V–2

世界上最早采用了火箭推进器的导弹同样由德国人发明，它就是继 V–1 之后被德军投入使用的 V–2 导弹。

V–2 导弹是一个由约 2 万个零件构成的单级火箭，火箭推进器与弹头为一体式，全长约 14 米，直径约 1.7 米，可负载 1000 千克的高能炸药弹头并射向 300 千米远的目标。在发射大约 60 秒之后，火箭达到其最高速度。由于飞行速度极快，远超过当时同盟国空防的反应所需时速，因此，它的破坏速度让人防不胜防。基本上当时英军只能靠声音与雷达约略测量预估弹道后，在导弹尚未击中目标前，以高射炮发射高爆弹药射击弹道企图拦截。

虽然 V 型导弹取得的战果并不显著，但却拉开了新式作战的序幕。

V–1 导弹

全长：7900 毫米

直径：5.3 米

全重：2180 千克

V–2 导弹

全长：14000 毫米

直径：1.68 米

全重：12800 千克

■ “防空铁拳”

虽然德国在二战中研制出了 V–1、V–2 这样划时代的武器，但却无力改变战局。除了导弹以外，德国人还尝试研制单兵便携式防空导弹，不过，当时发射的并不是导弹，而是火箭弹。这种可以由士兵扛在肩膀上发射的防空火箭发射器名为“防空铁拳”。由于在二战末期，德军失去制空权（尤其在西线），针对盟军的战斗轰炸机（如美军的 P–47 和苏军伊尔 –2）研制出来的步兵手提防空火箭弹，每个“防空铁拳”皆可上 9 发火箭弹，射手使用时将它扛在肩上发射，如同现今的肩射防空导弹，瞄准低飞的敌机按下扳机后会先射出 5 发，再过 0.2 秒后再射出其余 4 发，火箭弹可以命中在 500 米（理论射高为 2000 米）低空飞行的敌机，当射完后只要在尾部重新装上火箭弹后又可发射。

“防空铁拳”从 1945 年 1 月开始生产，但还未全面配发给德军士兵，二战就结束了，那时候只生产出 80 具，而且并无相关的作战记录留存，对于它在战斗中所能发挥的作用，我们只能靠想象了。

第五章
无声武器

【可无声毙命的恐怖暗杀武器】

在狭小的空间进行近身战斗时，既长又重的步枪将会很难施展，因此在一战的壕沟战中，据说还曾以刺刀和铲子互斗。

另外，大多数的火器在发射时都会暴露射手的位置。

伴随化学反应产生的声、光、热等现象，是无法完全消除的。

因此，既不会发出声音也不会产生闪光的武器就有明显优势。

在此要将刀具、弓箭、吹箭等不使用火药的武器定义为“无声武器”并且加以解说。

无声武器在特定条件下，有可能会成为一种比枪还要恐怖的武器。

刀具的类型

最基本的无声武器

说到无声武器，自然是那些能悄无声息地杀伤敌人的工具，这样也就会让人自然而然地联想到各种刀具。像刀具这样的冷兵器在人类历史上使用的时间要远远长于枪械等热兵器。要知道，在人类数千年的文明史中，哪怕从最早的火器就开始算，热兵器也不过出现了仅仅数百年而已。

像刀具这样的冷兵器分类有很多种方法，长刀、短刀、匕首等，下面我们按照构造进行区分。

鞘刀在英文中的称呼是 Sheath Knife，Sheath 是刀鞘的意思，也就是在不使用的时候会收进刀鞘中。为了便于收进刀鞘，这类刀的形状通常比较挺直或具有较小的弧度。

鞘刀的结构比较简单，刀身没有可折叠收起的部分，因此比较坚固。不仅可以在战斗中进行突刺劈砍，甚至在完成这些动作后还能做出特定的动作，如扭转、刨挖等。

大多数战斗用的刀都属于鞘刀。虽然鞘刀本身就已经足够坚固、耐用，但有一些鞘刀会将刀刃和刀柄用同一块钢材切削制作或者为一体式铸造，使整把刀没有结合处，进一步提高坚固程度。

折叠刀是一种比较常见的刀，这种刀的刃部可以折叠收入刀柄中，从而缩短整把刀的长度，令其更加方便携带。从结构上说，折叠刀并不适合当作战斗刀，因为如果在使用过程中被碰撞折回，很可能伤到使用者自身。近年来出现了一些装有类似枪械保险的折叠刀，只有在按下的时候，刀刃才会收起，防止使用者在使用时被误伤。不过，再怎么说，这样结构复杂的刀在强度上还是不如鞘刀。

多功能刀俗称“瑞士军刀”，当然这种刀并非都是瑞士制造的，而是最早由于瑞士军方为士兵配备这类刀而得名。多功能刀，顾名思义，就是其功能丰富，因此它并不能算是战斗刀，而是一种工具刀。在多功能刀中的基本工具常为：主刀片、较小的副刀片、镊子、圆珠笔、牙签、剪刀、平口刀、开罐器、螺丝起子等。要使用这些工具时，只要将它从刀身的折叠处拉出来，就可以使用。

瑞士军方的唯一供应商推出的功能最多的刀款为 SwissChamp XAVT，共计有 80 种功能。

飞刀正如其名，是一种以投掷的方式使用的刀具。这种刀具必须要对要害部位进行攻击，保证在掷出后能够保持平衡。在一些影视作品中，我们常常可以看到投掷飞刀的场面。这类刀的外形通常较小，用途也大多仅限于投掷，因此，在使用飞刀这样的刀具时，身上最好还是再备上一般能够用于防身或战斗的刀。

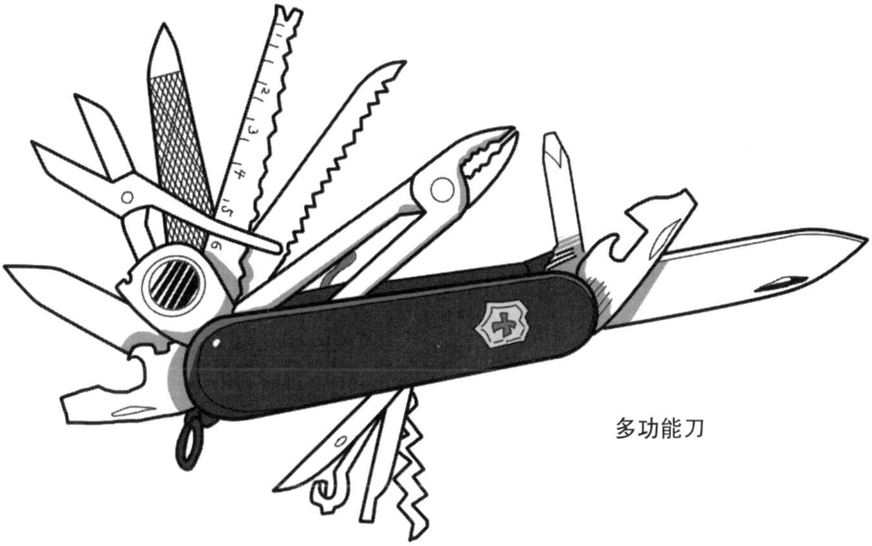

多功能刀

按照制造方法分类刀具

■ 刀具的两种制造方式

各种刀具虽然外形差异很大，但是根据制造方法大致可以分为两种：切削法和锻造法。

切削法是将单片的材料（多是不锈钢材）以机械加工切削成刀刃，现代的各种量产刀基本都是采用这种方式制作的。由于近年来钢材质量的提高，加上切削工艺的进步，采用切削法制成的刀具在锋利和坚固程度上丝毫不输给锻造刀。由于采用切削工艺的刀具多为不锈钢制成，因此不会生锈，保养更容易。

锻造法就是把加热的钢铁用锤子反复锻打，在锻打的过程中排除杂质，加工成刀刃。用锻造法打造的刀具最富盛名的就是日本刀，它以锻造的方法将不同硬度的金属结合起来，令刀身同时拥有了强度和韧性这一对相互矛盾的特质。

锻造刀制成的刀具最大的特点就是刀刃极为锋利，因此像厨师、木匠等工作上常常用得着刀的人非常偏爱锻造刀。

锻造刀的缺点就是比较容易生锈，如果疏于保养很容易出现锈迹。对于常常在高温、高湿环境中活动或者战斗的人来说，锻造刀不大适合，这样的环境下锻造刀生锈的现象会更加严重。

值得注意的是，即使切削法制成的不锈钢刀，也并非绝对不会生锈，至少也要偶尔保养一下。

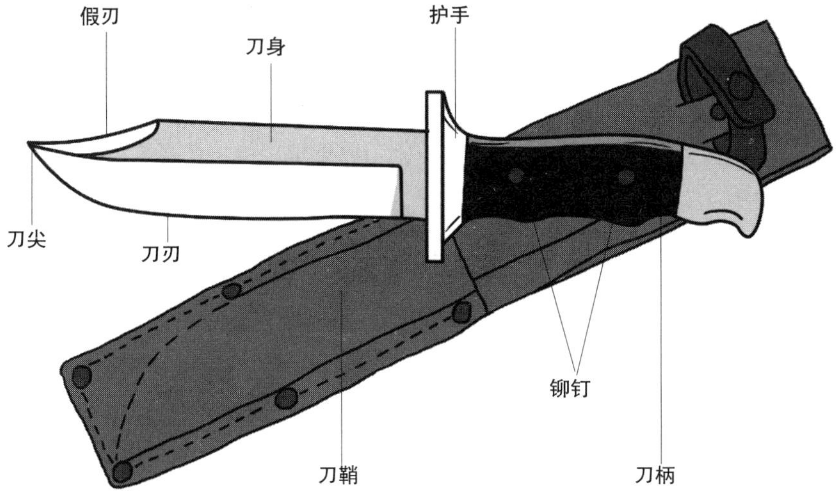

鞘刀各部位的名称

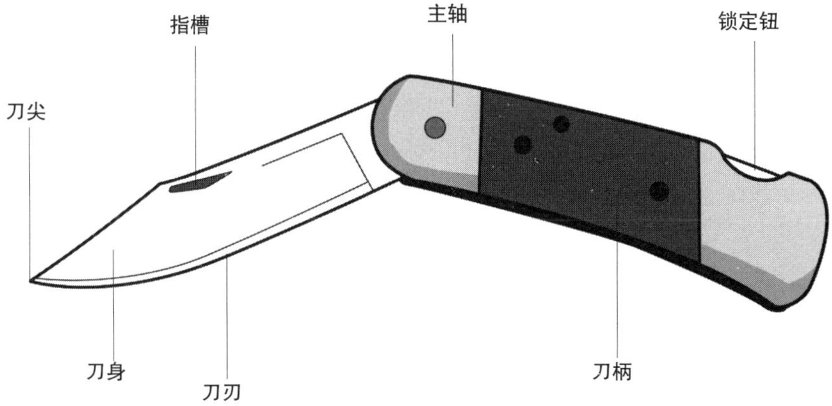

折叠刀各部位的名称

刺刀

■ 把步枪变成冷兵器

刺刀是一种安装在步枪等长枪前端的刀剑，属于军用枪械的基本配件。

1640年，刺刀作为前装滑膛枪的配装武器，制于法国东南部的巴荣讷城。

刺刀主要配装于步枪上，它使用的鼎盛时期是在二战以前，当时单发步枪是各国步兵的主要武器，火力较弱，刺刀作为一种重要的战术突击的格斗用冷兵器极受重视。

■ 刺刀的演变

早期的刺刀是塞式刺刀，呈剑形，刀长30～60厘米，上面有一个木质锥形刀柄，可插进滑膛枪管的枪口内，作拼刺用，取代使用已久的长矛。这种刺刀问世不久就开始逐步向整个欧洲扩散，但它有一个明显的缺陷：一旦刺刀插入枪管内，就不能再进行射击；若插得太紧，则不易拔出；若插得太松，则容易脱落。后来为解决上述问题，又有人研制了一种刺刀，它在刀柄上装两个滑动环，可将刺刀套在枪口上。

1688年，法国陆军元帅戴沃邦设计出了套筒式刺刀。这种刺刀截面呈十字棱形，套在枪口部，靠枪管上的卡榫和刺刀上的卡槽将刺刀固定。由于性能良好，很快就流行起来，并于1700年前被欧洲各国军队所采用。后经过一些改进，使该刺刀固定更加牢靠。目前包括比利时FN FAL突击步枪在内的许多步枪所配装的刺刀采用的都是这种连接方式。

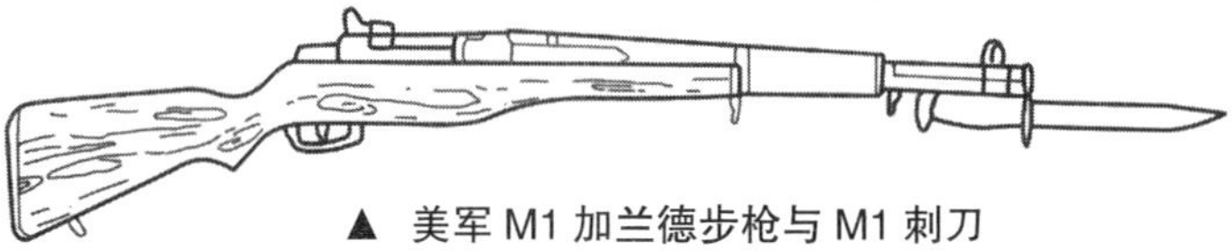

▲ 美军 M1 加兰德步枪与 M1 刺刀

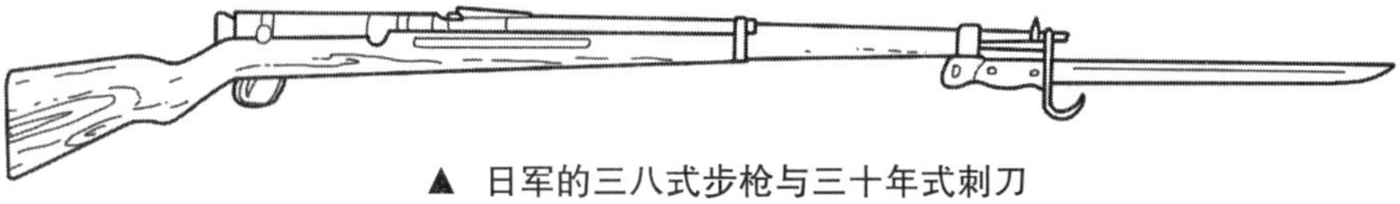

▲ 日军的三八式步枪与三十年式刺刀

▲ 德军的 Kar.98k 步枪与 M84 刺刀

※ M7 刺刀是 M16 突击步枪使用的刺刀，全长 295 毫米，枪口环套在枪口上，并通过刀柄地步的卡榫固定在 M16 突击步枪上。M7 刺刀的刀身为了防锈，经过了磷酸盐处理，刀柄为塑料材质。

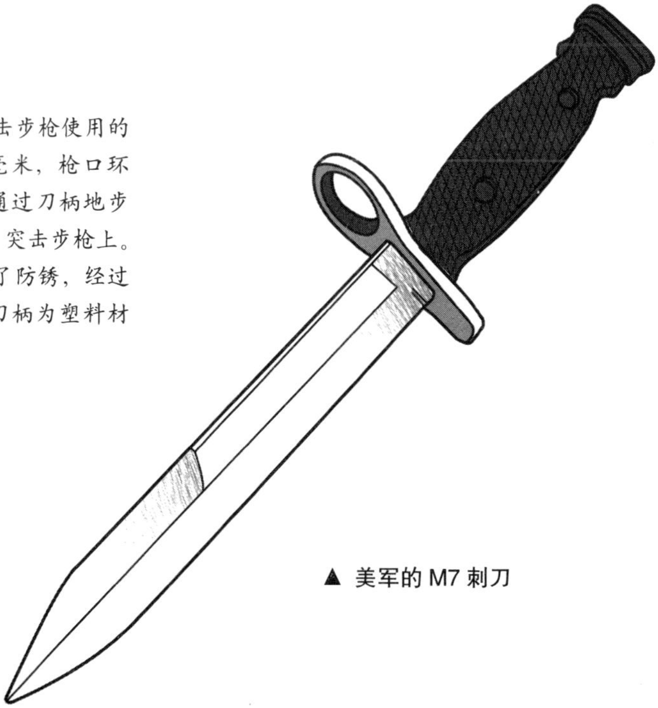

▲ 美军的 M7 刺刀

1750年以后，又出现了用弹簧卡笋与枪连接的刺刀。这种刺刀用类似于刀把的手柄代替了套筒，靠弹簧制动装置将刺刀固定在枪口一侧的凸榫上。这类刺刀多在护手处设有枪口环，上刺刀时套到枪口上，增加与枪连接的可靠性，而且刀身设计比较灵活，从枪上取下后可作匕首或其他工具使用，便于握持。1855年以后，这类刺刀开始为许多国家所接受，被许多步枪采用，至今仍在使用。

在刺刀与枪的连接方式不断改进的同时，刀身形状也开始向多样化发展，并陆续出现了一些兼具其他用途的多功能刺刀：有些刀身是单刃的和双刃的，也可作匕首用；有些刀身上开有锯齿，可以锯割物体；有些刀身与刀鞘配合作剪刀用；有些带重型刀片作砍刀用；还有些制成铲形，用来挖土沟等。

而到了二战时期，随着坦克、火炮等重型武器的广泛使用，步枪本身的作用和地位明显下降，使用刺刀的机会就更少了。战后，刺刀的发展进入了低潮，一些人甚至主张干脆取消刺刀。20世纪70年代，美国陆军一度取消了刺刀训练科目。

20世纪80年代以后，刺刀重新受到各国军队的重视，英、美等国研制并装备了新式刺刀。新式刺刀在保留拼刺功能的同时，突出了多功能，除了能刺、切、割、锯外，还增加了剪铁丝、开罐头、起螺丝钉等功能，其中最具代表性的就是美军的M9刺刀。与此同时，供空军、海军、特种兵等诸兵种使用的多功能匕首也得到了发展。

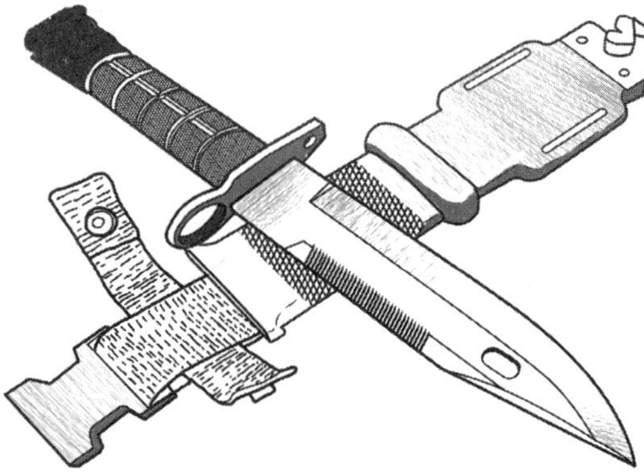

▶ 美军的 M9 刺刀

美军于 1987 年采用的一种多用途刺刀，全长 308 毫米。刀鞘一面附有弹匣带，另一面附有磨刀石，末端具有一字螺丝起子的功能。刺刀与刀鞘组合使用，还可以变成剪铁丝的钳子。

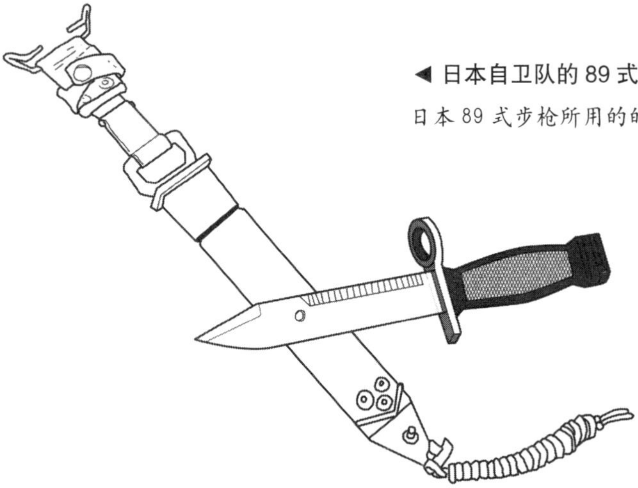

◀ 日本自卫队的 89 式多用途刺刀

日本 89 式步枪所用的的刺刀，全长 270 毫米。

▶ 进行突刺练习的美国海军陆战队士兵

美国海军陆战队非常注重锻炼士兵的全方面能力，突刺训练也很受重视。

特种部队的战术刀

能够发射刀刃的特种刀

苏联曾经是世界上军事力量最强大的国家之一，他们还拥有着多支从事特种作战的部队，这些部队往往会配备一些不同寻常的装备。以刀具来说，苏联特种部队曾经使用一种被称为弹道战术刀的刀具。这种刀外形看起来与普通的刀并没有多少区别，但在刀柄中安装有强力弹簧，只要按下锁钮，刀刃就会被弹射出去。

由于在使用中刀刃会突然弹射出来，在近距离格斗中，常常会起到意想不到的效果，但是，这也让人不禁想到，如果射出刀刃后没有击中敌人的话怎么办？通常特种部队队员会携带有备用刀刃，但实际上如果在格斗中射出刀刃后，也根本没有时间去更换刀刃。

什么时候会射出刀刃

一般情况下，弹道战术刀仍然是像普通刀具一样使用，但是，如果在十数米的距离上想要偷袭敌人，却又不能使用枪的情况下，发射弹道战术刀的刀刃不失为一个上佳的选择。不过这种用法对使用者自身的要求很高，虽然距离并不远，但想用一把完全没有瞄准装置的武器几种十几米外敌人的要害，几乎相当于进行狙击作战，没有一定的经验和技巧根本无法做到。而且，一旦发射刀刃之后，无论是否命中目标，这把弹道战术刀在短时间内就没有了丝毫用途，因此不到万不得已的情况下，这个功能是不会派上用场的。

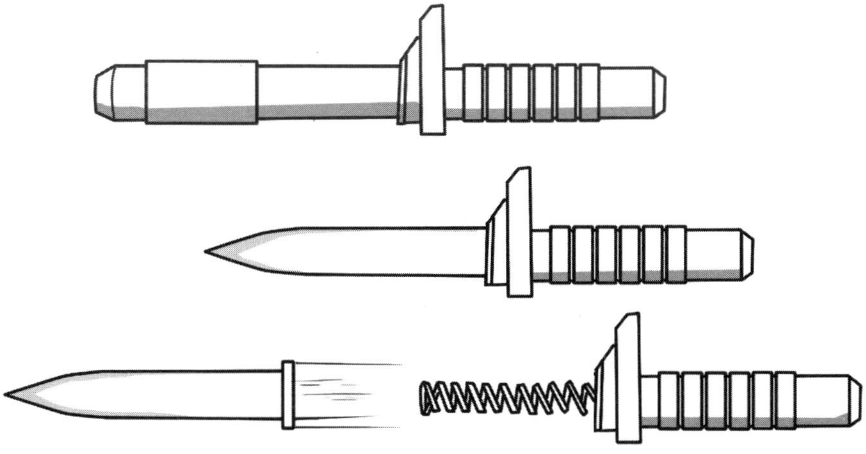

弹道战术刀

这种刀平时收在刀鞘中，刀鞘比较厚重，可以当作短棍使用。在必要的时候，按下锁钮，刀刃会被弹射出去。

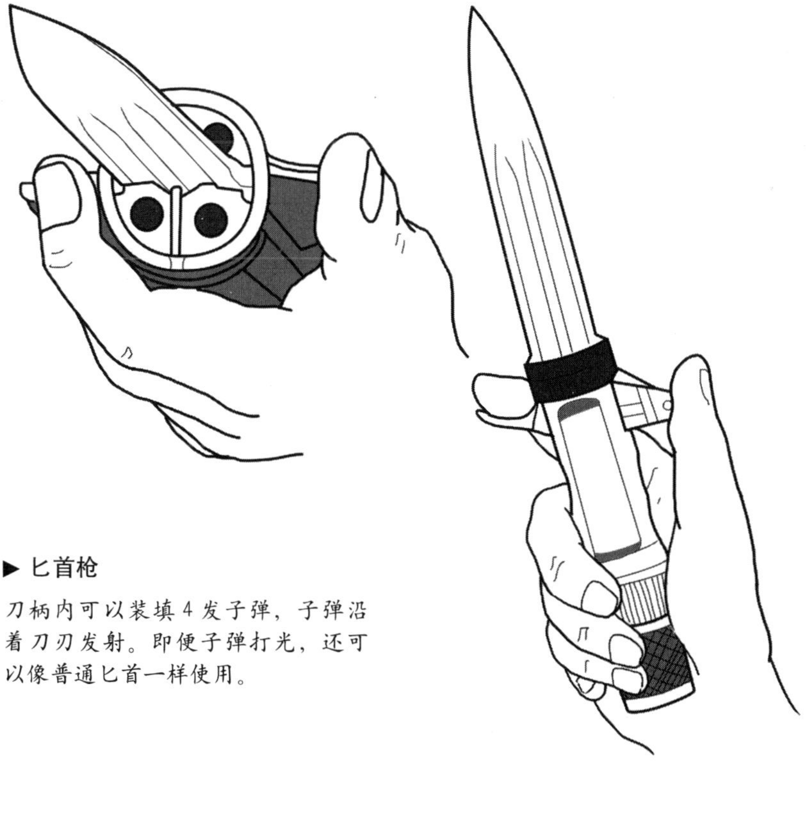

▶ 匕首枪

刀柄内可以装填 4 发子弹，子弹沿着刀刃发射。即便子弹打光，还可以像普通匕首一样使用。

廓尔喀弯刀与开山刀

■ 廓尔喀战士的特殊弯刀

廓尔喀人是生活在尼泊尔高山地区的民族，他们是英军中最有名的雇佣军部队。从英军殖民统治印度开始，勇猛善战的廓尔喀战士就已经闻名世界。

这些廓尔喀战士喜欢使用一种特殊的刀具——廓尔喀弯刀。廓尔喀弯刀是尼泊尔特有的小型刀，是廓尔喀民族使用的廓尔喀刀的一种。外形短小，刃部比较锋利，刀身前端要比普通的开山刀更厚、更重，方便使用者在茂密的丛林当中砍除草木荆棘。廓尔喀弯刀与普通的刀剑相比，外形十分特别，刀刃位于圆弧内部，使用之前先要熟悉一些武器才能用来战斗。廓尔喀弯刀能够发挥出来的杀伤力是令人震惊的，锋利的刃部和厚重的刀背使它的杀伤力得到了很大强化，威力远比普通的刀剑强。

■ 山刀也能做兵器

开山刀原本是指用来劈荆斩棘、砍柴伐木的刀具，由于其独特的结构和实用性，很快便成为了一种不可或缺的刀的类型。

开山刀像其他刀一样，也是采用单刃结构，然而，其刃部却并不锋利，而是采用了类似于斧子的构造，刃部较钝，更加侧重于利用力量的劈砍。刀脊较厚，实际重量要比同等大小的其他刀大很多，在劈砍中的威力更大。虽然开山刀通常被认为是一种工具，但是它绝对能够当做武器来使用。开山刀前端较重，用前端砍击的威力要明显大于刀身根部。不过，开山刀的形状比较特殊，因此，使用范围有限。

◀ 开山刀

开山刀不是短剑或者短到那种利用利刃切割的武器，而是和斧头一样利用重量劈砍目标。

▶ 廓尔喀弯刀

弯曲的刀刃极具特色，这种形状劈砍时威力很大，但并不适合突刺。

长弓

■ 历史悠久的投射武器

长弓正如其名，其长度较长、弓弦较长、张力很强，因此射程也更远。长弓起源于威尔士，后来传到英格兰。它来源于古代狩猎用的小型弓箭——短弓，是对其进行强化以后演变出来的战场用弓箭。

虽然标枪或者掷斧之类的投射武器也可以远距离攻击敌人，可是射程和命中率却并不可靠。在弓箭普及以前，标枪是西方军队的制式投射武器，虽然杀伤力很大，但是士兵所能够携带的数量有限，而且补充也比较困难。弓箭所用的箭矢可以大量携带，在战场上实用性要比标枪强一些。

长弓的尺寸比较大，一般在 1.5 ~ 1.8 米，需要很大的力量才能拉动弓弦。拉弓所需要的力气不仅仅是腕力，而是要靠全身力气的配合才能使用，不仅如此，还要具备相当的发射技巧。体格健壮的英格兰人和威尔士人在使用长弓方面具有先天优势。

■ 用长弓以少胜多

在英法百年战争中，有一场著名的阿金库尔战役，在这次战役中，英国国王亨利五世以 5900 人的兵力（其中，长弓手 5000 人、骑士 900 人）击败了 36 000 人的法国军队（其中 7000 名弓弩手，其余多为骑士）。战果更是令人唏嘘，英军伤亡不超过 200 人，而法军死伤接近一半，大约 15 000 人。仅仅在这次战役中，英军就射出了四五十万支箭。法国弓弩手使用的十字弓根本够不着对方就已经遭受到了毁灭性的打击。

◀ **长弓**

古代的长弓会使用木材、动物筋等制成，现代长弓多为复合材料制成，并加入滑轮结构，令拉弓更加省力。

弩

冷兵器中的“枪械”

弩是弓的加强版，由弩臂、弩弓、弓弦、弩机等部分构成。相传弩是由战国时代楚国的楚琴氏发明。楚琴氏认为弓箭的威力还不够，便在弓上装臂，创造出了第一把弩。

虽然弓的结构比较简单，但是在使用过程中，弓比弩的难度更大。用弓来发射箭矢时，一面要用力拉弓，另一面要瞄准目标，而且主要是依靠使用者自己长期的练习和手感来瞄准，新手很难保证命中率。弩则不同，使用弩的时候不需要在拉弦的同时瞄准，所以对使用者的要求也比较低，命中率也更高。

弩是欧洲中世纪最有效的骑士杀手。与弓相比，弩使用简单、成本低廉，杀伤力却大增，它射程更远、穿透力更大。在流行于欧洲大陆的前期，弩使骑士的锁子甲几乎完全失效，促进了硬盔甲的发展。由于弩对于骑士的威胁过大而遭到了教会的禁止，所以逐渐停止了发展。然而历史往往就是如此巧合，正因为弩的退出，才使得火药武器在西方蓬勃发展。

不过弩在装填箭矢时耗费的时间比弓要长很多，但是对使用者的要求比较低，使用难度较小，很容易训练出一直威力十足的远程攻击部队，是古代一种大威力的远距离杀伤武器。

在一战中，弩被用来发射爆裂物，但在榴弹发射器出现以后被取代了。虽然弩的应用已经越来越少，不过考虑到弩不会像枪械那样在发射时产生巨大响声，必要时作为暗杀武器会非常有效。

弩和长弓相比，弩使用的箭比较短。同样，大多数弩和长弓比起来射程也较近，威力不如长弓。最大的优势就是弩的使用比长弓更加简单。

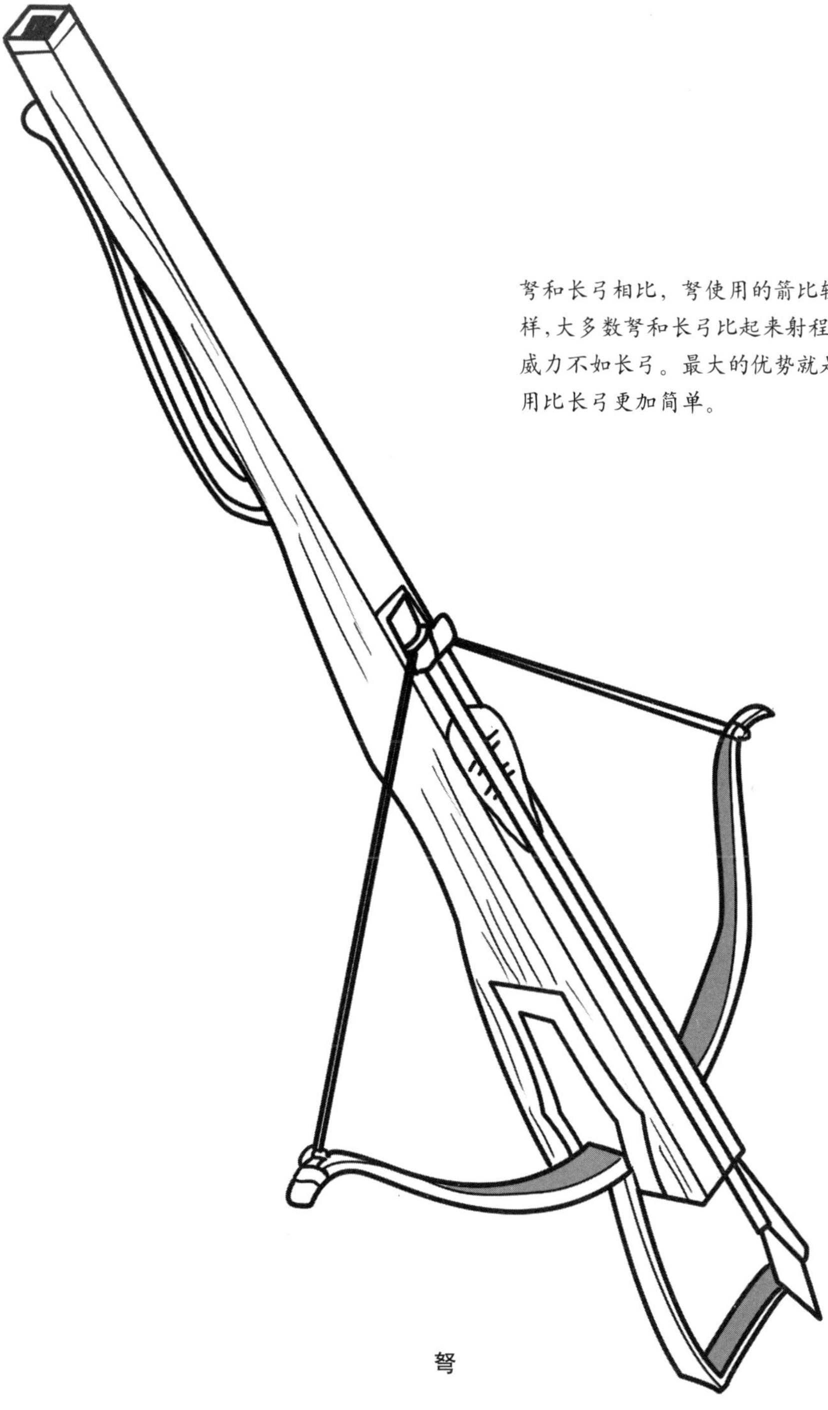

弩

吹箭

暗杀工具

吹箭是利用细小的长筒发射小型箭矢或飞针的武器，虽然射程短、杀伤力有限，但是喂毒以后偷袭往往能致命。

吹箭，顾名思义就是利用吹气来击发的小型箭矢。我们在影视作品中都曾看到过一些刺客、杀手使用吹箭来偷袭别人，他们所用的吹箭看起来不过十几厘米，而事实上考虑到发射的精准度和射程，多数吹箭有将近一米长。

吹箭使用的“弹药”一般是小型箭矢或者飞针，利用人呼气时候的气压射出，射程最多能达到 9 ～ 18 米。另外，由于箭矢很小，就算命中目标也很难造成太大杀伤力。不过，使用吹箭的高手精准度极高，经常是瞄准敌人的眼睛等要害位置射击的。

发射吹箭的时候几乎没有声响，所以吹箭往往是当作暗杀武器来使用的，而且必定在箭头上喂毒，这样就算没能命中要害，一样能夺取对方的性命或令其丧失战斗力。

从这一点来说，吹箭上使用的毒药必须是立即见效的类型。用在吹箭上的毒物大多是来自植物的生物碱化合物，很多的生物碱都对人或动物有药理反应。生物碱大都是氨基酸的衍生物，尝起来有苦涩味。它们常以次生代谢物的形式出现于植物、动物以及蕈类。大部分的生物碱皆能由它们的植物提取液中萃取获得。虽然大部分的生物碱对于人体有毒，但也有些能入药，主要有镇痛或麻醉的作用，以吗啡及可卡因的作用尤其显著。

■ **用在吹箭上的毒药**

用在吹箭上的毒药主要有乌头毒、箭毒、羊角拗毒等。

乌头的花很美丽但却有剧毒，乌头的有毒成分是二萜类生物碱，其中毒性最大的是乌头碱，只要几毫克就可以让人丧命。

箭毒木的乳汁含有弩箭子苷、见血封喉苷、铃兰毒苷、铃兰毒醇苷、伊夫草苷、马来欧苷等多种有毒物质。箭毒主要来自南美洲，箭毒蛙的皮肤分泌物和箭毒马鞍子是著名的箭毒，南美洲原住民用“ampi”一词作为他们所用的一系列植物萃取的箭毒的总称。现在在南美洲，非洲和亚洲还有人在使用它。

羊角拗毒是从羊角拗的果实和种子中提取的毒素。

枪械的消声器有多大效果

■ 真的能完全消除枪声吗

枪械的消声器虽然叫做消声器，实际上只能减弱枪声，并不能真正消除枪声。子弹在发射的时候，发射药燃烧产生的气体会从枪口剧烈喷出，引起周围空气的震动，这也就是形成枪声的原因。另外，子弹的飞行速度要高于声速，因此造成的冲击波也属于枪声的一部分。

枪口安装的消声器能够通过抑制发射气体扩散，减弱其引起的空气震动，从而起到消音的效果。

起初人们试图从消除声音方面着手，屡屡失败。为了达到消音的目的，曾使用大型的圆筒包住枪身，不过结果却差强人意。第一，自动手枪需要通过发射药燃烧的气体引起枪机动作，如果装上抑制气压的消声器，可能会破坏气体压力与枪机动作的平衡；第二，大多数自动手枪在发射时，需要通过滑套的动作装填子弹，圆筒消声器会影响滑套动作。

一些特种部队中会将消声器和亚声速子弹配合使用，进一步降低子弹发射引起的冲击波，能够起到更好的效果。这样做的目的是为了令敌人难以判断子弹射出的方向，无法根据枪声寻找射手的位置。

在一些影视作品中，常常可以看到射手使用装有消声器的枪械杀伤目标以后安全离开。事实上这是不可能的，就算使用了消声器，在一定距离中依然能够清楚地听到枪声，不可能完全消音。

■ 自动手枪专用

手枪的声音主要来自子弹飞出枪口时伴随的巨大压力对外面的空气引起的冲击震动。由于左轮手枪是利用转轮的转动进行射击的，在转轮和枪身之间存在一定的缝隙，就算是安装了消声器，也无法发挥作用。虽然消声器能够消除一些枪口的声音，但是对于从枪身缝隙间传出的声音是无能为力的。

可以说，消声器是自动手枪专用的装置。

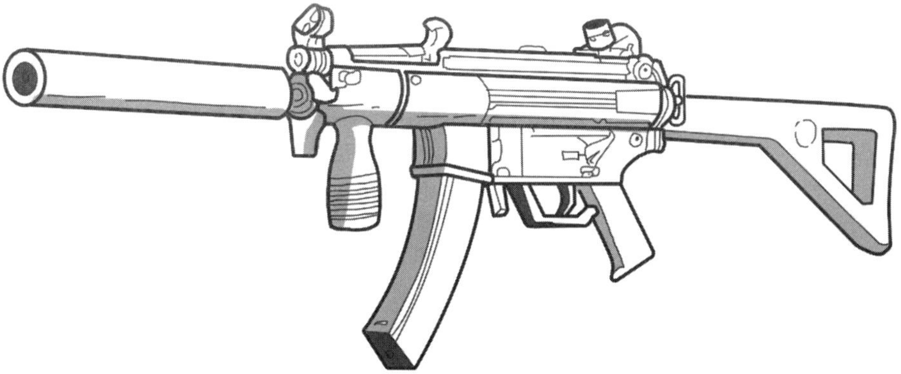

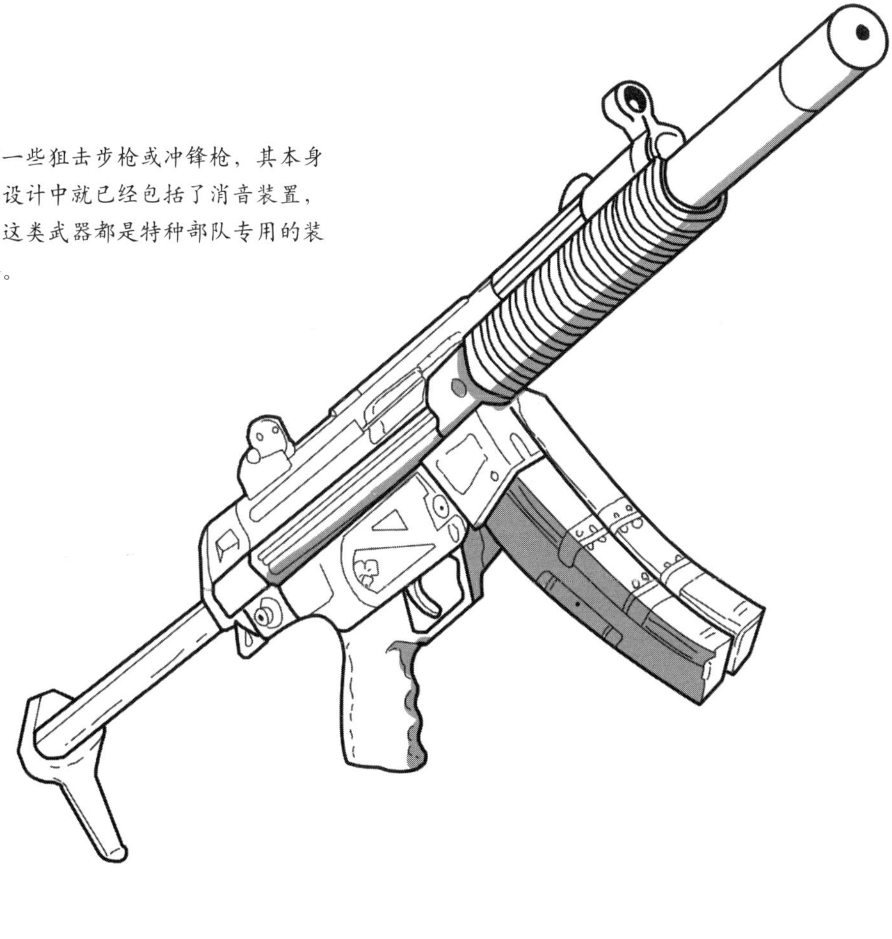

※ 有一些狙击步枪或冲锋枪，其本身的设计中就已经包括了消音装置，但这类武器都是特种部队专用的装备。

枪的使用为什么如此普遍

■ 无需过多训练就能使用

在本章中，我们介绍了一些刀、弓箭、吹箭等，希望读者能在了解现代武器的同时，认识一些使用时间久远的冷兵器。

和这些武器相比，枪是如今军队和警察等部门的主力武器，那么，枪为什么会有着这么普遍的适用范围呢？

不管是刀，还是弓箭、吹箭，要使用它们其实都不是一件容易的事情，只有掌握使用技巧的专业人士才能充分发挥它们的威力。怎样的人才能成为可以发挥这些武器威力的专业人士？使用者必须拥有足够强壮的体格并付出充分的努力。也就是说，这些武器对使用者有着一定限制，并不具有普遍的适用性。

更为直观的例子就是经过专业格斗训练的特种部队队员，他们甚至可以徒手制服或杀死多名敌人。他们是经过长时间肉体和精神的双重训练才达到的，而这个训练过程是多数人无法做到的。

如果手中有枪的话，一切就不同了，只要瞄准开枪，一发子弹就足以杀死目标。无论对手多么强壮，接受过怎样的训练，只要开枪击中他的要害（甚至击中任何部位），都足以让他丧失反抗能力。

使用枪进行射击，要达到熟练的程度所需要的时间远比格斗或者刀一类的冷兵器短，但却能在短时间内拥有很强的杀伤力，所以，枪问世以后很快便得到推广，成为军队的主力武器。

第六章

防护武器

【保护生命的装备以及非致命性武器】

前面介绍的都是一些强大而凶猛的武器，但攻击力的进化却只是武器的其中一面而已。

除了防弹衣、头盔、防护面具等保护人体的“护具武器”会与时俱进外，能对抗爆炸、放射线、生物化学武器的防护服也陆续问世。

随着战争与冲突局势的不断转变，武器的发展也不单只朝向增强杀伤力前进，也就是说，会出现所谓的“非致命武器”。

本章会把护具武器以及非致命武器定义为“防护武器”，带领读者瞧瞧这个比较不为人所知的兵器领域实际样貌。

■ 防弹衣的历史

防弹衣，有时也称护甲、避弹服等，作为一种重要的个人防护装备，防弹衣经历了由金属装甲防护板向非金属合成材料的过渡，又由单纯合成材料向合成材料与金属装甲板、陶瓷护片等复合系统发展的过程。

防弹衣从某种程度上讲和冷兵器时代的盔甲等护具效果一样，但是专门用于抵挡子弹的防弹衣直到20世纪初才被发明出来。最初的防弹衣以天然纤维织物为衬里，配以钢板制成，普及程度并不高。此时防弹衣针对人体重要部位进行重点防护的理念已经确立，之后防弹衣的发展主要是材料上的更新换代。

■ 防破片背心

虽然战场上枪林弹雨，但实际上被子弹击中并导致士兵死亡的概率并不高，甚至几万发子弹中才会有一个击中敌人。既然被子弹击中的概率这么低，那士兵为什么还要穿防弹衣呢？从防护的效果来看，与其认为防弹衣是防止被子弹打伤，倒不如说是为了抵挡炮弹或手榴弹的破片。

早期的防弹衣是用钢板制成，重量太过沉重，对于要在战场上不断移动的步兵来说，这种装备完全不实用，因此防弹衣的研制工作在二战中曾暂时中断。与此同时，另一个兵种则将这类防弹衣的作用发挥到了极致，他们就是轰炸机的机组人员。

二战中，盟军的轰炸机从英国起飞，前往德国进行战略轰炸，这样的作战面临着德军战斗机和防空炮火的猛烈反击，造成许多轰炸机机组人员的伤亡。为此，机组人员会穿上一种防破片背心，避免贯穿机体的子弹或破片对身体造成伤害。

美国研制的防破片背心是在尼龙材质中插入钢板，重量可不轻。加上机组人员所穿的防寒夹克、氧气面罩、降落伞等，全套装备的重量超过了30千克。虽然很笨重，但却切实地保护了机组人员的人身安全，许多人员都因这件装备才幸免于难。

◀ B-17 轰炸机机组人员的防破片背心

这是二战中用来轰炸德国的 B-17 轰炸机上的机枪手装备。由于轰炸机的飞行高度很高，机舱内的温度会达到 -40℃，因此必须在防破片背心内穿上防寒夹克并戴着氧气面罩才行。

► PASGT

PASGT 是英文 Personnel Armor System for Ground Troops（地面部队用个人防护系统）的缩写，由头盔和背心两部分构成。这是美军最早使用的由凯夫拉纤维制成的防弹衣，能够抵挡手枪子弹或炮弹破片。

新材料带来的防弹衣革命

美军在二战末期曾研制过一些步兵使用的软体防弹衣，但尚未投入使用战争就已经结束，并没有经受实战检验。到朝鲜战争之时，美军开始为步兵配备一种使用抗弹尼龙制成的防弹衣，已经与现代防弹衣非常接近。

1964 年，美国杜邦公司研制出了一种高强度高分子材料，这就是日后防弹衣的主要材料——凯夫拉纤维。

凯夫拉纤维作为一种坚韧的材料，优点是重量轻且强度极大，其用途包括网球拍、滑雪板、船体、飞机、绳索、电缆、轮胎、防弹背心和防弹头盔等。

使用凯夫拉纤维制成的防弹衣与早期防弹衣相比，作用截然不同。早期的防弹衣是像坦克装甲那样，凭借自身的坚固程度，将子弹弹开或阻止子弹穿过自身。凯夫拉纤维则是凭借自身的柔韧性来吸收子弹的冲击力，当子弹击中凯夫拉纤维制成的防弹衣时，纤维会同时做出类似波浪散开的效果，将冲击力分散到全身，从而吸收子弹的能量。当子弹穿过数层防弹纤维之后，就会因为动能不足停止下来。

近代防弹衣发展至今已出现了三代。第一代为硬体防弹衣，主要用特种钢、铝合金等金属作防弹材料。这类防弹衣的特点是服装厚重，通常约有 20 千克，穿着不舒适，对人体活动限制较大，具有一定的防弹性能，但易产生二次破片。第二代防弹衣为软体防弹衣，通常由多层凯夫拉等高性能纤维织物制成。其重量轻，通常仅为 2 至 3 千克，且质地较为柔软，穿着也较为舒适，内穿时具有较好的隐蔽性，尤其适合警察及保安人员或政界要员的日常穿用。第三代防弹衣是一种复合式的防弹衣。通常以轻质陶瓷片为外层，凯夫拉等高性能纤维织物作为内层，是防弹衣主要的发展方向。

防弹衣的原理

防弹衣的防弹机理从根本说有两个，一是将弹体碎裂后形成的破片弹开，二是通过防弹材料消释弹头的动能。早期防弹衣是靠连在结实衣服内的搭接钢板提供防护的。这种防弹衣以及后来类似的硬体防弹衣即是通过弹开弹头或弹片，或者使子弹碎裂以消耗分解其能量而起到防弹作用的。以高性能纤维为主要防弹材料的软体防弹衣，其防弹机理则以后者为主，即利用以高强纤维为原料的织物“抓住”子弹或弹片来达到防弹的目的。

► “拦截者”防弹衣

美国陆军与海军陆战队使用的防弹衣，是在凯夫拉纤维制成的防弹背心中插入陶瓷片制成，可以在近距离抵挡3发7.62毫米步枪的子弹。背心表面还可挂装多种袋类，用于收纳各种工具和武器。现在被美军大量采用的IOTV和MTV防弹衣均是在“拦截者”的基础上发展而来的。

◄ 日本自卫队使用的2型防弹衣

这种防弹衣从1992年开始装备日本自卫队，具体防弹性能尚不可知，但应当与美国的“拦截者”相差无几。同样，也可以插入陶瓷片来提升防弹效果。在防弹衣背部有一条布制的把手，当士兵受伤无法行动时，其他人员可以拖着把手将其带到安全地带。

军用头盔

近代军用头盔的起源

现代战争中，头盔成为单兵必备装备。头部面积虽不大，可一旦受伤，通常是致命的。据现代战争战伤统计资料表明，破片及直射弹对战场人员头部的伤害是战斗减员的主要原因。二战中，美军因头部受伤而阵亡的人数占阵亡总人数的32.5%，远高于身体其他部位受伤而阵亡的几率。在弹片横飞的战场上，头盔作为一种重要的单兵防护装备，其作战效能有目共睹。

近代军用头盔可以追溯到1842年普鲁士陆军采用的一种用皮革和黄铜制成的头盔。这种被称为“钉盔”的装备主要作用是在白刃战中保护士兵的颈部不被刺刀所伤。

钢铁制成的军用头盔从一战开始使用。实际上这种用钢铁制成的防具仍然无法抵挡步枪子弹，不过，对于炮弹或手榴弹的破片有着比较好的防护效果。

二战期间，美军采用了一种用金属和树脂制成的M1头盔。它是由金属材质的外盔和树脂材质的内盔两顶头盔构成，如果被敌军的子弹击中，外盔就会顺着内盔转动，依次抵消子弹的动能。美军将M1头盔作为制式装备使用长达40年，该头盔成为其著名的代表形象之一。

尽管目前M1钢盔已不再为美军作为战斗盔使用，但在20世纪80年代后仍是世界上多个国家的部队现役装备。以色列国防军最晚至2006年时都还将M1钢盔投入实战，而在美军内，M1钢盔也有其他用途，如海军海豹部队水下爆破队的候选学员在参与训练项目时，会配戴涂有该学员编号、姓氏及军衔的M1钢盔，而某些仪仗队或勤务部队也会采用彩绘盔 。

德式钢盔

一战期间，由于古老的钉盔已经无法抵挡炮弹或手榴弹的破片，失去了保护头部的作用，因此德军开始使用钢盔来取代钉盔，并形成了极具特色的造型。德式钢盔拥有特殊的“煤斗”形状，两侧覆盖到耳朵，成为明显可辨的军事象征，并且对于交战双方是一种普遍的军事政治宣传，就像早先被取代的钉盔一样。

这种特殊造型的钢盔一度备受欢迎，许多国家的军用头盔都仿制了德式钢盔的形状。德式钢盔不同的型号是由该年分来命名。举例而言，于 1942 年采用的“1942 型”钢盔也被称为“M1942”或“M42”。

如今，德式钢盔也已经改用了凯夫拉纤维材质制作，由于无法像防弹衣一样插入陶瓷片增加防护力，仍然无法抵挡步枪的直接命中。不过，即便能防止被子弹贯穿，也会因为无法抵消子弹的强大动能，令士兵的脖子因为受到冲击而损伤甚至折断。

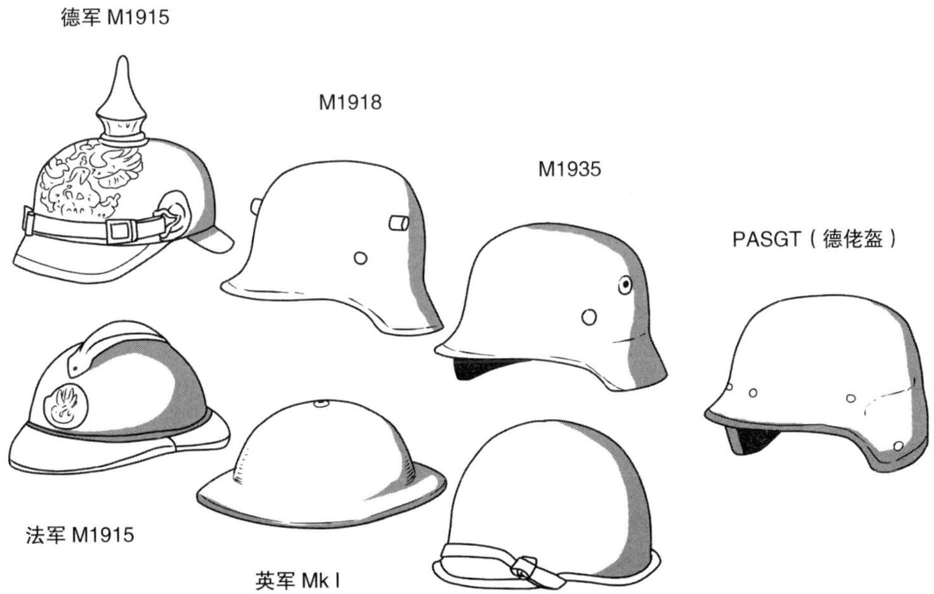

各国的头盔

防毒面具

■ 防毒面具由来已久

防毒面具最初是配备给矿工和消防人员使用的个人特种劳动保护用品。

最早的防毒面具是美国人哈斯雷特在1847年发明的，它的结构非常简单，只有两个用于吸气和排气的止逆阀。虽然在吸气阀中塞入了用水浸湿的羊毛充当滤芯，但也只能过滤微粒和粉尘，无法抵挡毒气侵袭。

能够过滤毒气的防毒面具是1854年由苏格兰化学家史丹豪斯发明的，他在滤毒罐中装入木炭粉末，防护效果有了很大提升。这种用活性炭当作滤芯的防毒面具，可以看作是现代防毒面具的原型。

史丹豪斯的防毒面具在1874年被英国人巴顿进一步改良，加上了橡胶头套，可以遮住整个面部，并且在头套上安装了玻璃镜片，现代防毒面具已经基本成型。巴顿改良的防毒面具将滤毒罐装在前方，里面有木炭、浸染了甘油的脱脂棉构成滤芯，防护效果相当不错。

◀ 穿戴着防毒面具训练的美军士兵

▶ 美国 M17A1 防毒面具

从 20 世纪 60 年代开始被使用，经过多次改进一直持续使用到 20 世纪 90 年代，在 1991 年的海湾战争中还曾派上用场。使用 M17A1 时的呼吸方式需要训练，否则很可能会窒息。

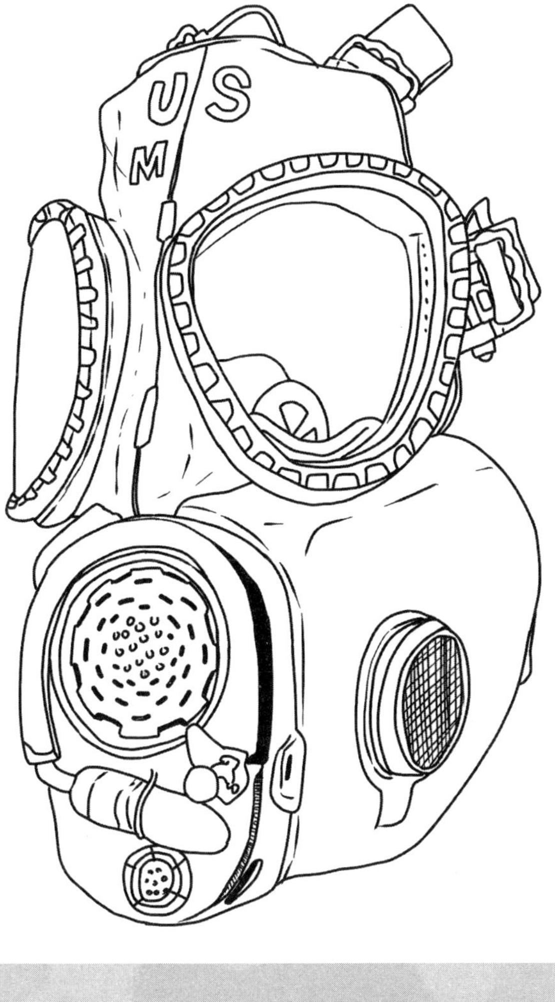

军用防毒面具

1915 年 4 月 22 日，德军为了扭转不利的战局，出其不意地向英法军队集结的阵地上，施放了 180 吨氯气，使 5000 名联军官兵当场中毒死亡，这就是世界军事史上首次大规模的毒气战。经此役后，蒙受重大损失的英法联军，立即敦促本国政府尽快制造防毒器具。

不久后，两国派出数十名最优秀的科学家，到曾被德方用氯气熏袭过的地段，进行考察取证研究。他们惊奇地发现，阵地上大量野生动物，包括树林中的雀鸟及蛰伏的蛙类与裸露的昆虫，都相继中毒死亡。唯独当地的庞然大物——野猪，却安然无恙地活下来。

经研究和实验，科学家发现野猪特别喜欢用强有力的长嘴巴，拱动泥土寻觅地里植物的根茎及一些小动物。当它们嗅到强烈的刺激气味时，常用拱地来躲避。当德军施放毒气突袭联军时，聪明的野猪把嘴鼻拱进泥土里，躲过了灾祸。再经进一步的科学分析，得出结论：由于野猪用嘴拱地，松软的土壤颗粒吸附和过滤了毒气，使它们幸免于难。

两国科学家从中得到启示，根据泥土能滤毒的原理，选中了既能吸附有毒物质，又能使空气畅通的木炭，很快设计制造出世界上首批仿照野猪嘴形状的防毒面具。

在一战中，投入实战的毒气包括催泪剂、窒息剂、呕吐剂等，数量超过了 30 种，造成的伤亡数量超过 100 万人。一旦有一方使用毒气，另一方必然会使用同样的方法进行报复，战况非常凄惨。

在《禁止化学武器公约》生效后，防毒面具的需求曾一度降低；但随着全球反恐行动的加强，潜在的化学袭击的威胁依旧存在，防毒面具依旧是化学防护的重要器材，在各国的军队中都有相当的装备量。

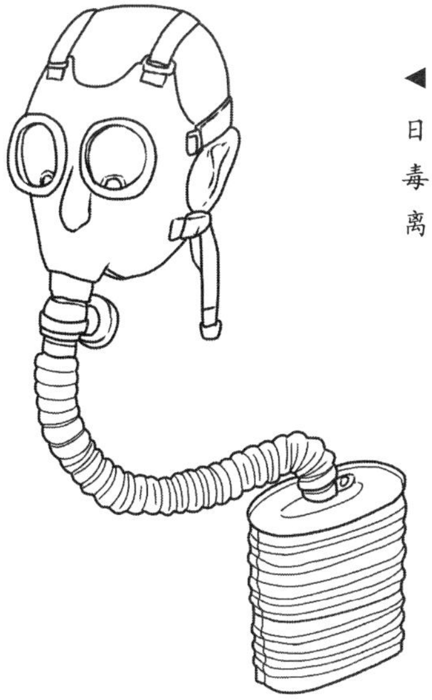

◀ 日本 95 式防毒面具

日本 95 式防毒面具是二战中日军使用的防毒面具，采用了软管连接滤毒罐和面罩的分离式设计，主要装备给日本陆军。

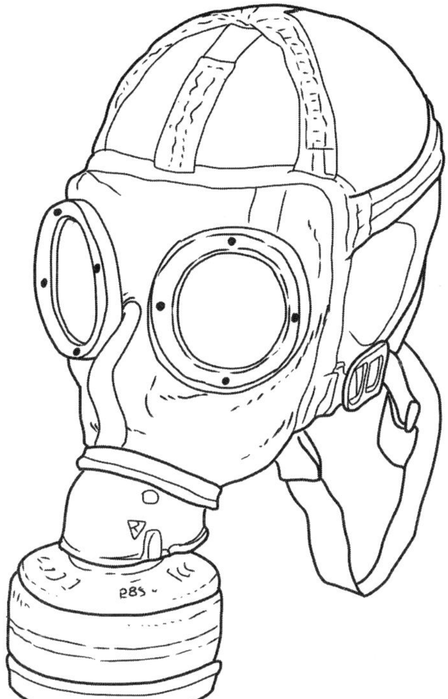

▶ 德国 GM30 防毒面具

德国 GM30 防毒面具采用直连式设计，但由于滤毒罐装在正前方，会影响士兵举枪射击。

◀ 英国 SR6 防毒面具

英国 SR6 防毒面具同样采用直连式设计，不过滤毒罐可以安装在左右两侧。

军用防毒面具的持续发展

根据滤毒罐位置的不同，防毒面具大体可以分为直连式和分离式两种。直连式的滤毒罐直接安装在面罩上，分离式则通过软管连接滤毒罐和面罩。直连式比较轻便，便于携带；分离式则能配备更大的滤毒罐，提高过滤效果。二战以前，这两种形式的防毒面具都曾被大量使用。二战之后，由于滤芯技术和材料的进步，便于携带的直连式防毒面具成为主流。

按防护原理，可分为过滤式防毒面具和隔绝式防毒面具。由面罩和滤毒罐（或过滤元件）组成。面罩包括罩体、眼窗、通话器、呼吸阀门和头带（或头盔）等部件。滤毒罐用以净化有毒气体，内装滤毒层和吸附剂，也可将这两种材料混合制成过滤板，装配成过滤元件。较轻的（200 克左右）滤毒罐或过滤元件可直接连在面罩上，较重的滤毒罐通过导气管与面罩连接。

隔绝式防毒面具由面具本身提供氧气，分贮气式、贮氧式和化学生氧式三种。隔绝式面具主要在高浓度染毒空气（体积浓度大于 1% 时）中，或在缺氧的高空、水下或密闭舱室等特殊场合下使用。

除此之外，许多国家还装备有各类特种防毒面具。它是在过滤式防毒面具的基础上更换滤毒罐内的吸着剂或改进局部结构而成。现代防毒面具能有效地防御战场上可能出现的毒剂、生物战剂和放射性灰尘。它的重量有的已减至 0.6 千克，可持续佩戴 8 小时以上，佩戴防毒面具后还可较方便地使用光学、通信器材和武器装备。

美军从 20 世纪 90 年代开始采用的 M40 防毒面具是现代防毒面具的代表作。它使用了矽胶材质，不仅重量更轻，而且佩戴和使用非常方便，与脸部的密合性非常好。滤毒罐的尺寸也缩小很多，但性能却提升很大，小小的滤毒罐能够连续使用 10 个小时以上。M40 防毒面具上配有无线通信装置，可以在看不见队友的情况下相互支援。

※ 美军的M40防毒面具是美军标配的防毒面具，眼窗为两片镜片，可以对折收纳。在佩戴面具之后，配戴者还可以通过吸管饮水。

美军的M40防毒面具

防化服

■ 仅靠面具是不行的

防毒面具虽然是一种十分轻便的装备，但它只能用来防护一些从呼吸道入侵的毒气，对于那些可以透过皮肤侵入人体的化学武器、生物武器或者放射性武器是无能为力的，因此，当面对这类威胁的时候，需要穿上特制的防化服才能确保安全。

在20世纪80年代以前，防化服主要使用的是可以隔绝气体的丁基橡胶制成。这样的防化服穿在战斗服外面，抵御外部化学武器、生物武器或者放射性武器的威胁。不过由于密不透气，使用者在活动之后会变得非常闷热，不仅会令穿着的人感到不舒服，甚至可能会造成脱水的症状。

■ 萨拉托加防化服

20世纪90年代，德国研制出了一种新型的防化服——萨拉托加防化服。萨拉托加防化服采用微球形活性炭作为吸附剂，具有防毒能力好、强度高、透气性好和穿着舒适等优点。

以往的防化服原则上在使用过一次之后就要丢弃，而萨拉托加防化服使用过后只要清洗便可在有效期限内重复使用，这也是另一大进步。

由于具有这样的优点，虽然萨拉托加防化服的价格要比一般防化服高，但仍被世界上许多国家所采用。

萨拉托加防化服生产出来之后被保存在真空包装袋中，打开包装之后有120天的有效使用期限。

整套防化服由头套、外套、裤子、鞋套构成，和其他防化服一样套在战斗服外面穿着。裤子不是用腰带固定，而是通过吊带支撑，透过尼龙扣和外套的下摆部分粘在一起，能够有效防止有害物质从外套和裤子之间的缝隙侵入。

从萨拉托加防化服开始，防化服朝着透气、多功能的方向发展，不仅防毒，而且具备阻燃、迷彩伪装、抗静电、防风防雨等功能，同时具有良好的穿着性能和生理舒适性能。

现在仍有一些国家使用丁基橡胶制成的防化服，但按照发展的潮流来看，像萨拉托加防化服这样的透气防化服会得到推广使用。

◀ 早期防化服

早期防化服由密不透气的橡胶制成，虽然防护效果不错，但无法长时间穿着行动。

▶ 日本的防化服

◀ 苏联的防化服

苏联的防化服是一种连体防化服，配合分离式防毒面具使用。冷战期间，苏联军方时常会针对西方国家的化学攻击进行演习，因此防化服的配备比较广泛。

■ 防化服带来的问题

防化服对于使用者的保护可谓无微不至，但它也并非完美。由于防化服要将人员与外界完全隔离，当穿着防化服的人员要上厕所的时候就非常不便了。

在穿着防化服的状态下上厕所是不可能的，就算是要脱下来，也要遵循一定的步骤。如果不慎接触到附着在防化服表面的污染物，那防化服的作用就失去意义了。首先要穿着防化服进行淋浴，冲洗掉防化服表面的污染物，然后才能脱下来。

从实际来说，如果每次都要这么大费周章，实在是繁琐，但上厕所是人正常的生理需要，这可以看作是防化服急需解决的问题。

据说在一些国家，当穿着防化服的人员进行作业时，不得不穿上成人纸尿裤，以此来减少上厕所的频率。

美军的防化服

英军的防化服

防爆服

■ 拆弹部队的终极防护

防爆服与防化服的作用类似，后者主要针对的是化学武器、生物武器和放射性武器，而防爆服则是为拆弹部队等人员在处理爆炸物时提供保护的装备。这样看起来似乎防爆服与防弹衣的作用很相似，不过防爆服的保护范围更大，会把全身的覆盖起来，能够保护人员不被爆炸产生的爆风、破片所伤。

防爆服的构造包括上衣和下衣，使用和防弹衣相同的凯夫拉纤维制成，此外还有用树脂固定了数层的凯夫拉纤维抗弹板和陶瓷抗弹板。头盔是为了保护人员的眼睛和耳朵不被巨响和爆风所伤，构造十分严密，因此必须另外配置换气装置和用于和外部通信的无线电。为了防止脖子在爆风的影响下受伤，脖子四周也有强化的立领，同时还兼具隔音的功能。

一般整套防爆服的重量超过 25 千克，其中，仅头盔就重近 5 千克，护甲部分也重超过 15 千克，加上其他一些装备，人员穿上之后动作会变得很迟缓。

■ 足够保护的程度

防爆服在设计上是利用全套装备去承受爆风，尽量将冲击力分散吸收，使其不至于传导到人员身上，但是，防护重点还是集中在正面的重要部位，不可能对每一部分都采用相同等级的防护。

如果在处理炸药量多或者性能较高的炸药时，防爆服所能发挥的效果就会受到很大影响。

如果将整套几十千克重的防爆服穿在身上，使用者活动自然会受到限制，像一些电影中那样穿着防爆服还能奔跑的场景很难发生。

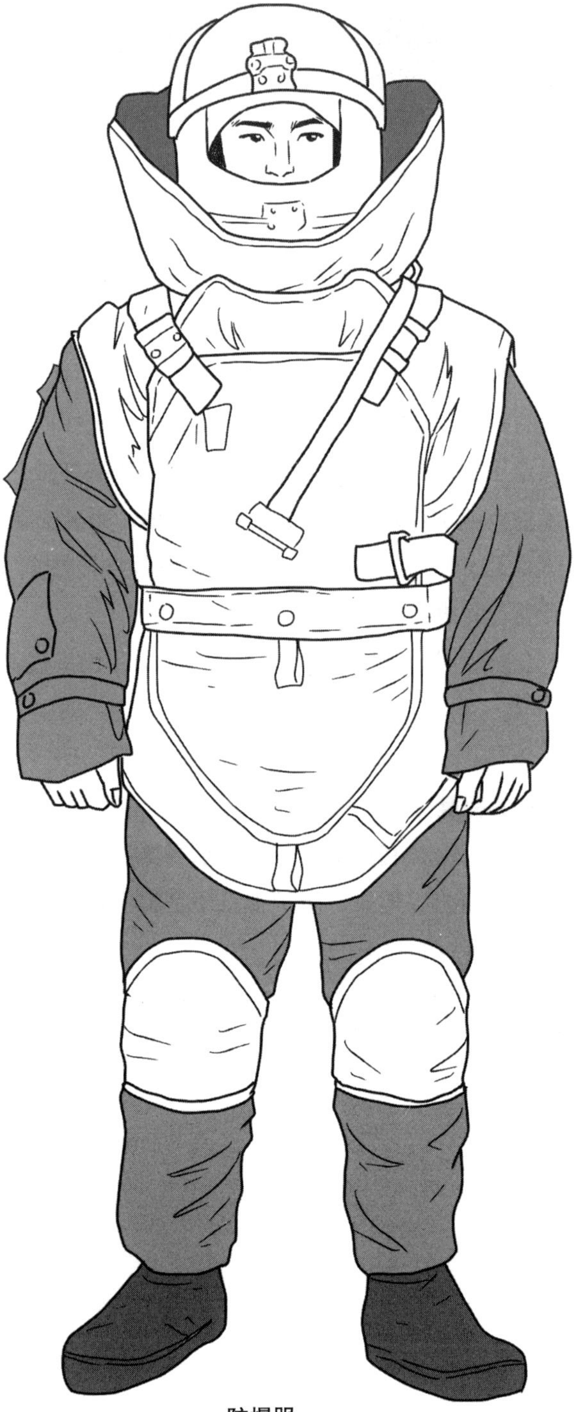

防爆服

第七章
其他武器

【其实还有更为厉害的武器】

有人说：“人类的历史就是战争的历史。”

发达的科学技术除了提供人类安全舒适的生活之外，同时也会被利用在战场上，以最有效率的方式杀伤“敌人”。

人类的残忍，应该就是在对付其他人类的时候最能发挥到极致。

本章介绍的是“其他武器”，包括杀伤力超强的武器、最能带来痛苦的残酷武器，以及大规模毁灭武器，都会进行简要说明。

反器材步枪

■ 反坦克步枪的进化版

反器材步枪，又称反物资步枪，来源于一战时的大口径反坦克步枪。由于二战以来坦克的装甲取得了长足的发展，装甲保护力极高，不易击穿，于是反器材步枪的用途也有所改变，主要用来破坏军用器材、物资以及轻装甲车辆。

反器材步枪普遍采用大口径高破坏力的弹药，子弹和狙击步枪子弹外型相似，但口径更大，通常以 12.7 毫米重机枪子弹为主。使用 12.7 毫米子弹的反器材步枪，射程和威力要比机枪或者狙击步枪更远更强，可以从远距离狙击杀伤敌方人员。

起初的反器材步枪多采用手动式设计，加上弹药的原因，很难命中普通狙击步枪射程以外的目标。为此，在 20 世纪 80 年代，各国开始研发专用于反器材用途的步枪及大口径比赛级弹药，反器材步枪精度得到了提升，与狙击步枪不相上下，因此，反器材步枪也被称为反器材狙击步枪。

随着现代军用装备的发展，战场上各式轻型步兵战车以及各种类型的通信、指挥、运输、雷达、后勤保障车辆等轻型装甲目标日益增多。传统的步兵轻武器在远距离上对付这些目标时暴露出了一些缺点，如步枪、轻机枪射程近、威力小；中、小口径狙击步枪威力弱、杀伤效果差；反坦克火箭筒发射痕迹大、有效射程不足、精度差；重机枪重量大、后坐力大等问题；命中率和威力都能满足要求的便携式反坦克导弹等高技术武器则造价过高，无法大量装备。 射程远、威力大、精度高的反器材步枪成为步兵打击车辆和轻型装甲目标的重要手段。

巴雷特 M82A1

种类：反器材狙击步枪

全长：1448 毫米

枪管长：736.7 毫米

口径：12.7 毫米

全重：12.9 千克

弹容量：10 发

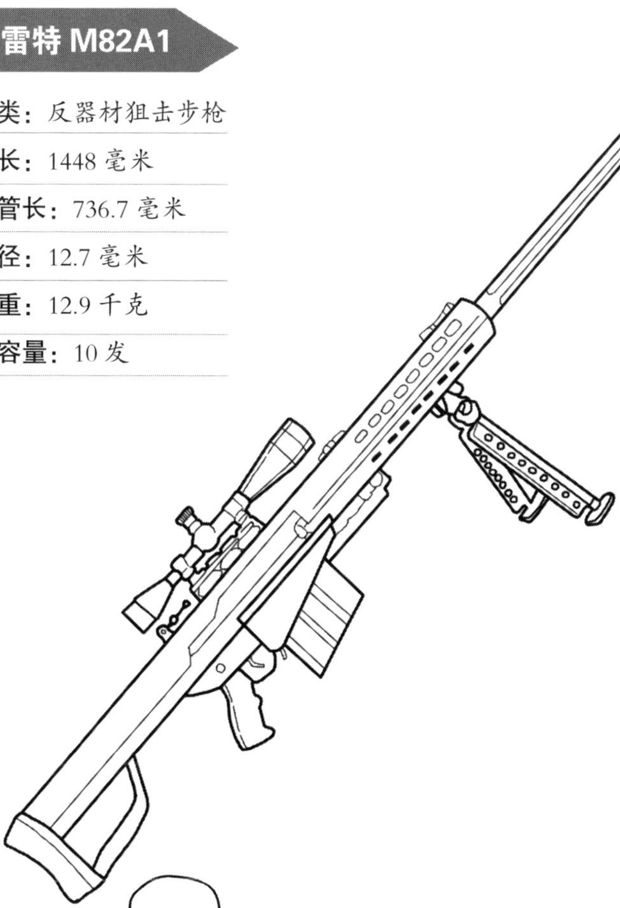

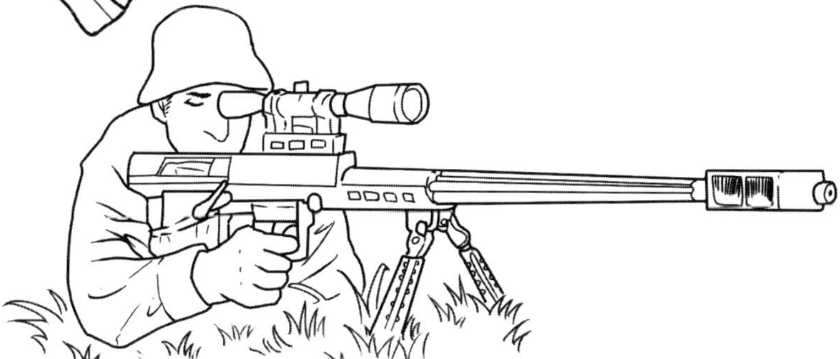

◀ 使用巴雷特 M82A1 的美国海军陆战队士兵

M134“迷你炮”机枪

扛起来扫射只是电影效果

在电影《终结者2》中，有这样一个令人印象深刻的场景：施瓦辛格饰演的终结者扛起M134机枪四处扫射。这样的场景究竟可不可能呢？

M134机枪是在M61机炮的基础上研制而成。M61是一种六管连发机炮，口径20毫米，曾被大量装备在F-104、F-105、F-106、F-111、F-4等战斗机上，包括现在美国空军的F-15、F-16以及F-22战斗机也都搭载了M61机炮。

通用公司的设计师将M61机炮的口径按比例缩小至7.62毫米，也正是这个原因，M134机枪也被成为“迷你炮”。这款六管机枪采用了与M61机炮相同的加特林机枪原理，并保持了M61机炮的超高射速，由于射速是由直流电动机的转速来确定的，所以只要改变电流大小，就能获得从300发/分到6000发/分之间的任意一个射速，但在大多数情形下，M134机枪的射速一般只会设置到2000发/分至4000发/分的范围内，以保持最稳定的枪械性能。

M134机枪的主要存在问题有以下几点：

·耗弹量极大。

·枪管升温问题突出。由于枪管较轻（比一般重机枪的枪管还要单薄），射速又高，因此容易出现枪管温升过高而破损的事故，甚至会危及飞机本身的安全。为此，后来在枪上加装了红外警报器，在枪管温升过高时即自动停射。

·虽然该枪故障率甚低，但勤务性却远不如一般武器。其原因主要是M134机枪结构复杂、分解结合相当困难，所以一旦出现故障，就难以及时排除。从体积和重量上来说，一挺M134机枪比六挺同样口径的单管机枪重量要轻，但它所配用的外部电源、控制系统、容弹及输弹系统等却相对较重，因而大大限制了该枪的使用范围。

·最重要的一点是M134机枪每根枪管的寿命大概是10000发子弹，虽然很高。但是，M134机枪射速过快，所以很快就要更换枪管。

M134“迷你炮”机枪

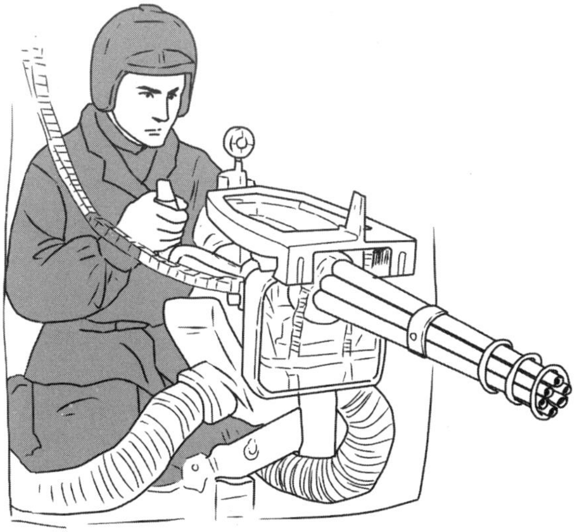

种类：机枪

全长：800 毫米

枪管长：559 毫米

口径：7.62 毫米

全重：26 千克（包含电机，不含弹药）

AH-1S 武装直升机

旋翼直径：13.4 米

全长：16.18 米

最大起飞重量：4536 千克

最大速度：231 千米 / 时

乘员：2 名

武器：M61“火神”机炮或
M134“迷你炮”机枪
“陶”式反坦克导弹

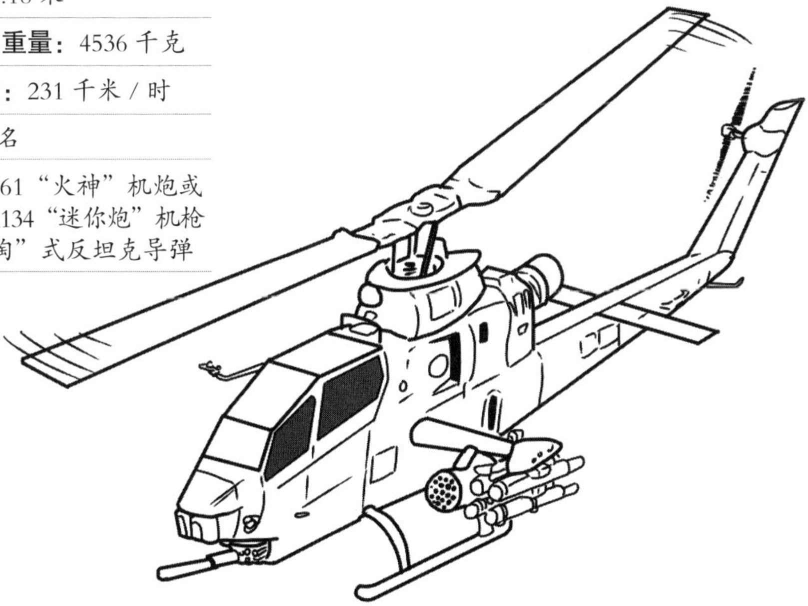

单兵使用的迫击炮

■ 什么是迫击炮

迫击炮是一种以曲射为主的小型火炮，轻便灵活，能够射击遮蔽物后方的敌人。

在一战中，堑壕战是双方的主要战斗方式，作战人员都躲在战壕当中，因此无论是使用步枪，还是大炮，都很难直接给对方造成有效杀伤，为此，一度专门训练了大量向敌人战壕投掷手榴弹的“掷弹兵”，由于铁丝网和机枪的火力封锁，很难接近到足以投弹的距离。

世界上最早的迫击炮是 1904 年日俄战争期间的俄国炮兵大尉尼古拉耶维奇发明的，他将老式的 47 毫米海军臼炮改装在带有轮子的炮架上，以大仰角发射一种长尾形炮弹，结果竟然能有效杀伤堑壕内的日军，当时称之为“雷击炮”。1915 年，英国发明家温弗雷德·斯托克斯爵士在发明了斯托克斯式战壕迫击炮，现代意义上的可分解、便携带的迫击炮方告问世。

■ 迫击炮的发射方式

迫击炮与之前的火炮不同，它并不能直接赋予炮弹巨大的动能使其飞向敌人，而是调整角度，将炮弹打到空中以后，然后借着重力落在目标附近，这种方式称之为“曲射”。由于炮弹到达一定的高度以后，会以接近垂直的角度下落，因此就算是躲在遮蔽物后面或者战壕当中也无济于事。

为了保证炮弹下落时弹道的稳定，会在炮弹尾部装上尾翼。由于尾翼的影响，炮弹在下落时会产生风切声，加上弹速比较慢，容易发生偏移，精度并不高。迫击炮并不适合用来进行精确打击，使用的时候往往是多门迫击炮一起向目标不断发射炮弹。

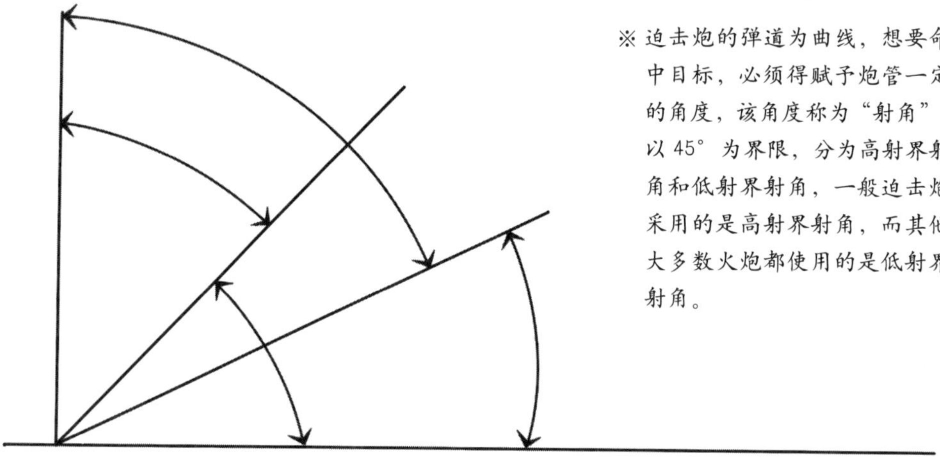

※ 迫击炮的弹道为曲线，想要命中目标，必须得赋予炮管一定的角度，该角度称为“射角”。以45°为界限，分为高射界射角和低射界射角，一般迫击炮采用的是高射界射角，而其他大多数火炮都使用的是低射界射角。

SBML 迫击炮

种类：反坦克迫击炮

全长：1020 毫米

口径：84 毫米

全重：6.7 千克（炮弹1.8 千克）

※ 发射时需要将台座抵在地面上，射手用手扶住炮管赋予一定角度，拉动炮管底部的把手即可发射。

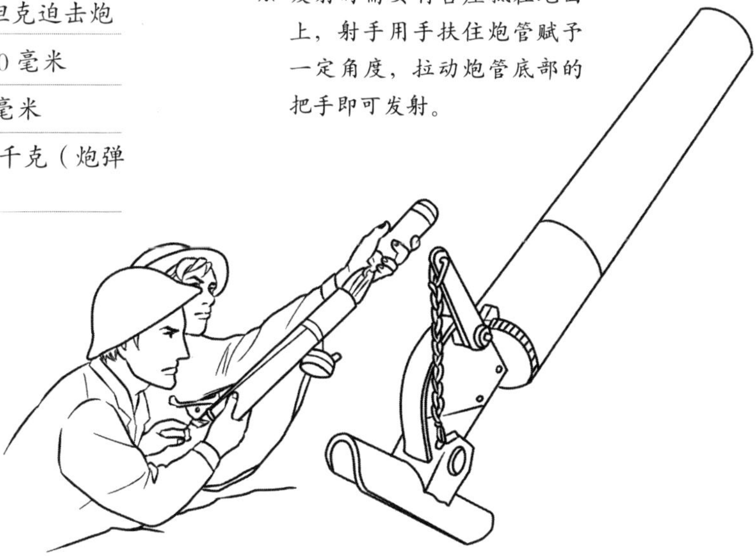

火焰喷射器

■ 以火焰杀伤目标

以火焰作为武器的构想来源已久。早期的喷火武器发源于拜占庭，拜占庭人早已经开始用原始的火焰喷射装置装备其战舰。据传，被拜占庭人所广泛使用的希腊火在公元 673 年被卡里尼库斯所发明。

现代的火焰喷射器最初于一战的堑壕战中亮相。第一支喷火器由德国人 R. 菲勒德于 1900 年发明。喷火器主要以油瓶，压缩装置，点火装置以及喷火枪组成。起初只是用作演习教材而被设计出来，德国军方认为有实战意义。最初，菲勒德的喷火器设计十分笨重，威力不足，射程太短，经过多次重新设计而改进。1912 年，德国军方挑选 48 名现役消防员组成手提式喷火器的第一支火焰兵分队，亦是全世界最早装备喷火器的军队。

1915 年，在霍格战役中，英军尝到石油混合橡胶及硫磺的火焰的滋味。在两天的战斗中英军 35 名军官及 715 名士兵阵亡，霍格战役结束后，战斗中使用的喷火器被写入战斗报告之中。火焰喷射器在霍格的成功令德军更加重视喷火器的运用。

二战时，火焰喷射器被广泛使用，美、苏、德等国都制造了大量火焰喷射器投入到战场。不过，当时的火焰喷射器比较笨重，容易成为狙击手狙击的目标，喷火手的生存率低于任何一类士兵。

20 世纪 80 年代以后，可用反坦克火箭发射的燃烧弹取代了火焰喷射器的地位，使用范围逐渐缩小。

美国 M1 火焰喷射器

喷射时长： 10 秒

燃料量： 18.2 升

重量： 31.8 千克

德国 Fmw40 火焰喷射器

喷射时长： 10 秒

燃料量： 10 升

重量： 21.3 千克

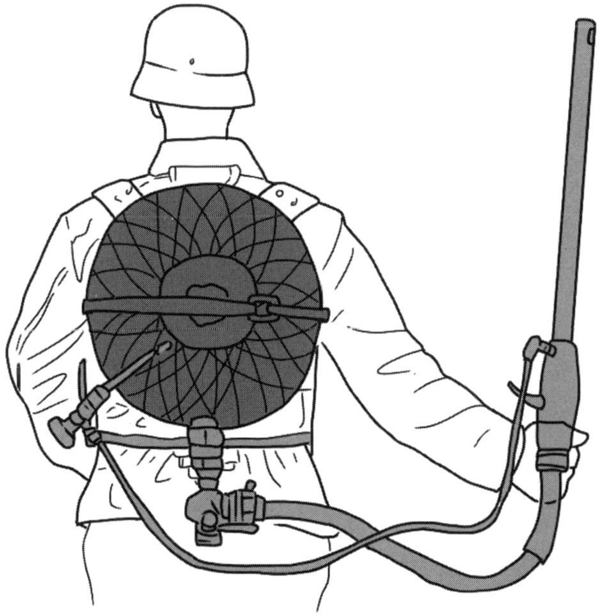